防灾避险丛书

雾霾

赵鹏飞 李吉奎 编著

南京出版传媒集团
南京出版社

图书在版编目（CIP）数据

雾霾 / 赵鹏飞，李吉奎编著. — 南京：南京出版社，2016.5

（防灾避险丛书）

ISBN 978-7-5533-1115-9

Ⅰ.①雾… Ⅱ.①赵… ②李… Ⅲ.①空气污染—污染防治—青少年读物②空气污染—自救互救—青少年读物 Ⅳ.①X51-49

中国版本图书馆CIP数据核字（2015）第266363号

丛 书 名：防灾避险丛书
书　　名：雾霾
作　　者：赵鹏飞　李吉奎
出版发行：南京出版传媒集团
　　　　　南 京 出 版 社
社　　址：南京市太平门街53号　　邮　　编：210016
网　　址：http://www.njcbs.cn　　电子信箱：njcbs1988@163.com
天猫1店：https://njcbcmjtts.tmall.com
天猫2店：https://nanjingchubanshets.tmall.com
联系电话：025-83283893、83283864（营销）　025-83112257（编务）

出 版 人：朱同芳
出 品 人：卢海鸣
责任编辑：凌　霄
装帧设计：睿通文化
责任印制：杨福彬

印　　刷：唐山新苑印务有限公司
开　　本：787毫米×1092毫米　1/16
印　　张：10
字　　数：150千字
版　　次：2016年5月第1版
印　　次：2018年9月第3次印刷
书　　号：ISBN 978-7-5533-1115-9
定　　价：29.80元

天猫1店　　天猫2店

营销分类：科普　防灾

前 言

2013年初，雾霾开始笼罩我国中东部大部分地区，其作用面积之大，影响范围之广，绝无仅有。受雾霾天气影响，城市形象严重下降、飞机航班被迫取消、市民晨练受到影响……

雾霾无孔不入，它的影响已经渗透到人们生活的方方面面，给人们的生活带来了诸多不利，我们可以不喝受污染的水，可以不吃有问题的食物，但是我们没有办法不呼吸。雾霾的无法逃避性，引起了人们的广泛关注和热议，一时之间关于雾霾的话题不绝于耳。

那么，雾霾到底是什么，它是怎么形成的，又会给我们的生活带来哪些变化呢？下面就让我们走近雾霾，直面雾霾吧！

目录 CONTENTS

第一章 认识大气

我们所生活的地球周围环绕着厚厚的大气层，大气层保持着地球表面的温度，防止地表温度剧烈变化；同时促进着地球表面的水循环，维持淡水储量的相对恒定；更重要的是，它可以提供生命活动所必需的各种气体，因此，大气层被称为“生命的支柱”。

1.什么是大气

要科学的认识和了解雾霾，我们首先要清楚地球所处的大气环境。按照国际标准化组织(ISO)对大气的定义：大气是指环绕地球的全部空气的组合。

大气是自然环境的重要组成部分，它可以有效阻止有害辐射的进入，提供生物生存所必需的气体，为地球生命的繁衍生息以及人类的生存创造重要的保障；同时大气层中天气系统的变化是全球气候的基础。

大气是多种物质的混合物，其组成主要可以分为三个部分：干燥清洁的空气、水蒸气以及各种杂质。

2.干洁空气包含哪些气体

通常把干燥清洁的空气简称为干洁空气或干空气。干洁空气的主要成分是氮（N）、氧（O）、氩（Ar）和二氧化碳（CO_2）气体，其体积分数可以占到干洁空气容积的99.97%，此外，还有少量的氢（H）、氖（Ne）、氪（Kr）、氙（Xe）、臭氧（O_3）等次要成分，其所占容积不到0.01%。

在此，我们介绍几种对地球生物生存繁衍有着重要作用的气体成分。

氮

氮的含量约占大气容积的78%。常温下氮气（N_2）的化学性质不活泼，不能直接被生物利用。自然界中固氮的方式有两种：

一是雷电作用，雷电以其巨大的能量，把在大气中的氮分子解离，使之与氧分子反应产生氮的氧化物，这类氧化物可以溶于雨水之中，进而转化成亚硝酸根或硝酸根而渗入土壤中，完成固氮。但是雷电固氮并不是主要的固氮方法，每年经过雷电固氮所产生的含氮化合物只占全球总固氮量的10%左右。

二是固氮细菌固氮，或称生物固氮，是固定氮的最主要的途径。固氮细菌独立或者借助植物（共生作用）生存于土壤之中，如与豆类植物共生的根瘤菌。这类细菌可以吸收大气中的氮气分子，并将其转化为可以直接被植物吸收的氨或铵离子。每年细菌固定氮所得的含氮化合物，约占全球固氮总量的65%。

除此之外，人类还通过工业途径进行固氮获得含氮化合物，每年此种途径所得的含氮化合物占全球固氮总量的25%左右。

氧

氧占大气质量的23%，容积的21%。氧气（O_2）是动植物赖以生存、繁殖的基础。除氧气以外，氧还以硅酸盐、氧化物以及水等多种化合物的形式存在于地壳和大气中，在高空中还存在臭氧以及原子氧。

二氧化碳

常温下，二氧化碳是一种无色无味的气体，只占大气总容积的0.03%左右。主要产生于燃烧、腐烂以及生物的呼吸作用中。

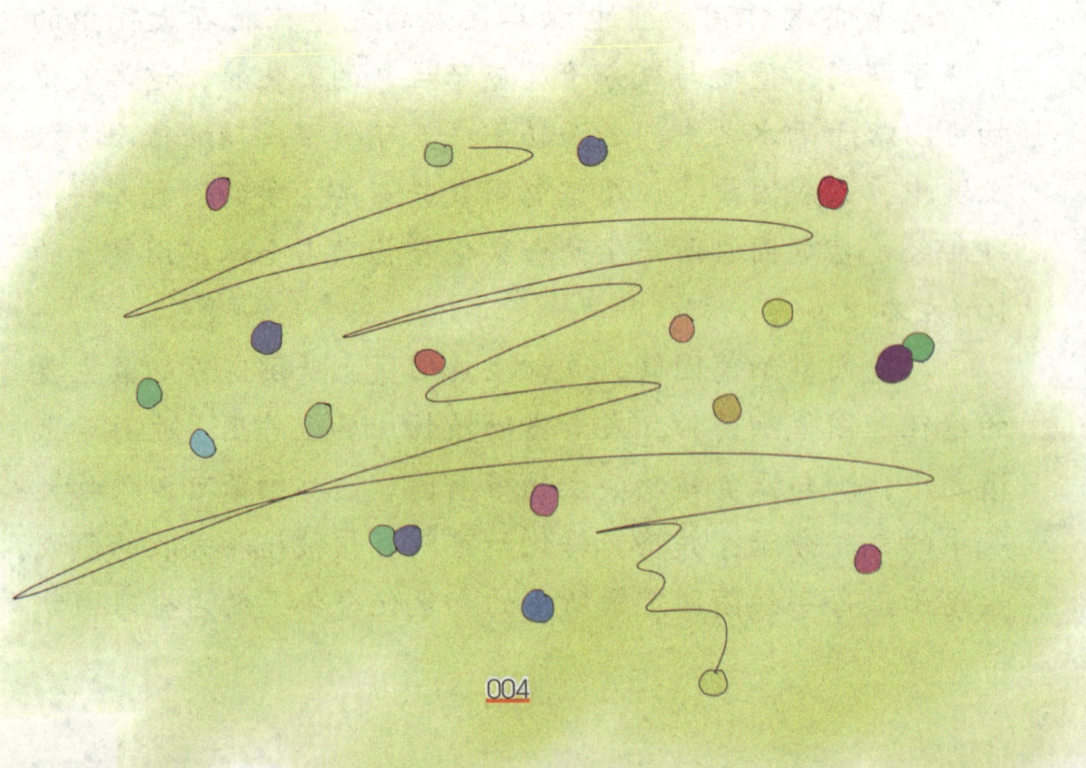

当大气中二氧化碳含量达到一定程度时，会阻止地球表面热量的散失，导致地球表面和低层大气温度升高，产生“温室效应”。人类可以通过开发利用新能源、减少石化燃料的使用、保护植被、植树造林等方式来抑制二氧化碳的产生，进而缓解温室效应。

臭氧

臭氧主要分布于10～40千米的高层大气中，在25～35千米处，臭氧的浓度达到最大值，形成臭氧层。

臭氧在大气中所占的比例虽然很小，但是其吸收紫外线、保护地球生物免受有害辐射干扰的能力却是不容忽视的。然而，近年来，由于氮肥以及碳氟化合物（氟利昂，常用作冰箱制冷剂）的大量使用，导致臭氧层遭到破坏，南极上空的臭氧层破坏严重，形成了“臭氧空洞”，并引起了一系列不利于人类生存发展的气候生物效应，已经得到国际上广泛的重视。

3.水蒸气在大气中扮演着怎样的角色

大气中的水蒸气含量平均不到0.5%，占地球总水量的0.001%，相当于24毫米厚的水层。大气中的水蒸气是一种可变气体，其含量随时间、空间以及气象条件等的变化而变化，变化范围很广，在0.01%～4%之间。

大气中水蒸气的含量虽少，却是各种复杂天气现象，如云、雾、雨、雪、霜、露等形成的重要因素。这些现象在引起大气湿度变化的同时，还可以影响大气的热量的输送和传递。

此外，水蒸气可以强烈地吸收和放出长波辐射，间接吸收和放出热量，对于维持地表温度的相对稳定起着重要作用。

4.你知道气溶胶吗

大气中还存在各种固体悬浮物质和液体悬浮微粒，也可统称为气溶胶。

气溶胶来源主要包括如岩石风化、火山喷发、流星燃烧以及海洋中的浪花等自然源和地面物质的燃烧等人类活动的人为源。

其中，大粒子主要分布在近地面或源地周围，小粒子可以随气流上升并漂浮到高空或是远距离漂浮。一般来说，近地层的气溶胶粒子含量，陆地大于海洋，城市大于农村；时间尺度上，夜间悬浮气溶胶粒子的含量大于白天，冬天大于夏天。

5.什么是大气圈

大气在垂直方向上有着剧烈的变化，随着距离地表高度的增加，大气密度逐渐减小，高空大气很稀薄，气体分子之间距离很大。自然地理学将受地心引力而随地球旋转的大气层称为大气圈。

大气圈与宇宙空间之间没有明显的分界。在大气的研究中，从大气物理学和气象污染学的角度出发，把大气圈的上层界定为1 200～1 400千米，高于1 400千米的大气很稀薄，密度接近于星际气体的密度，离心力已经超过了重力，属于宇宙空间的范围了。

大气圈的结构一般是指大气圈的垂直结构，即气象要素的垂直分布情况，如大气温度、大气质量、大气压力、大气密度以及大气成分的垂直分布等。

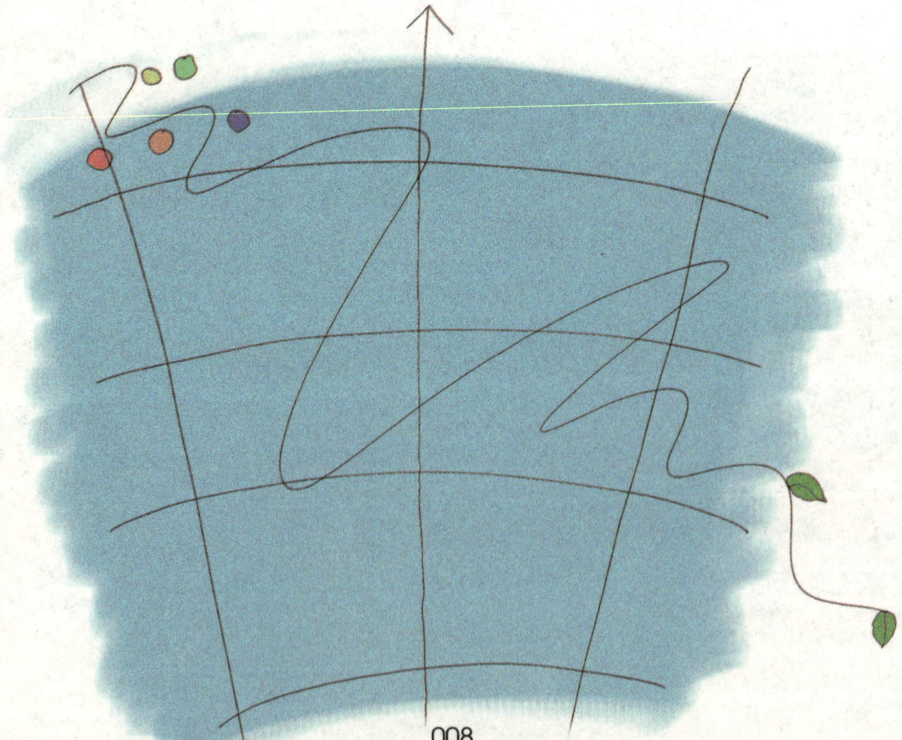

6.大气圈由哪几个圈层组成

在气象学中，按照气温垂直分布以及大气运动状况将大气圈分成五层。

对流层

对流层位于大气圈的最底层，其典型特点是空气垂直运动旺盛。由于热带的对流程度要强于寒带地区，故对流层的厚度随纬度增加而降低。平均厚度为11千米，赤道处为16～17千米，中纬度地区为10～12千米，两极附近为8～9千米。

由于此层与地表毗邻，故该层大气虽薄，但是水蒸气的质量占该层大气总质量的75%左右；天气变化复杂，主要的大气现象均发生在该层，与人类活动的联系最为密切；该层大气温度随高度增加而降低，平均每升高100米，温度下降0.65℃；温度和湿度的不均匀分布，导致该层大气水平运动经常发生。

平流层

从对流层顶到55千米左右的气层气流稳定，称为平流层。从对流层顶到约30千米的大气层，气温稳定，几乎不随高度变化，称为同温层；约30千米以上的平流层大气温度随高度增加而升高，称为逆温层。

平流层中的水蒸气和气溶胶粒子含量很少，大气几乎没有对流，极少出现云雨天气，大气透明度高。

平流层中臭氧含量丰富，在25～35千米处形成了臭氧层。臭氧层可以强烈吸收太阳辐射的紫外线，保护地球上的生物免受过强紫外线的伤害。

中间层

从平流层顶到85千米高度的气层为中间层，也称为高空对流层。该层大气气温随高度增加而迅速降低，到中间层顶部气温下降到-83℃以下，是整个大气圈中温度最低的气层。因此，该层大气有着强烈的垂直运动，对流运动强烈。中间层水蒸气含量很少，但在高纬度地区，黄昏前后偶尔会发生细小水滴和气溶胶粒子构成的夜光云。

暖层

中间层顶到800千米高度的气层称为暖层或电离层。该层空气密度很小，120千米以上高空空气密度小到声波难以传播。暖层的太阳紫外线和宇宙射线强烈，导致大气温度随高度增加而升高，空气处于高度电离的状态，存在大量电子、离子。极光亦是出现于该层。

散逸层

暖层顶以上的大气层称为散逸层。它是地球大气与星际空间的过渡区域，没有明显的边界。散逸层空气密度极低，由于远离地表，故受地心引力的影响很小，空气粒子的运动速度很快，很容易摆脱地心引力的束缚逃逸到宇宙空间。

第二章 什么是雾霾

随着经济社会的快速发展，尤其是工业革命之后工业的崛起，在给我们的生活提供便利的同时，也造成了严重的污染。大气中碳氧化物、氮氧化物、硫氧化物以及各种粉尘等的含量急剧升高，严重破坏了大气的清洁，影响着人类的生活质量和身体健康。

2012年和2013年冬季，雾霾肆虐中国中东部地区，其影响范围之广，作用时间之长，对环境污染之重，震惊了人们，对人民健康、经济政治及社会心理造成了极大影响。因此，加强对中国雾霾的认识和研究已经是刻不容缓的问题了。

1.雾霾的定义

雾霾是雾和霾的统称。但是，雾是雾，霾是霾，二者有一定的区别。

雾是空气中液滴悬浮体的总称。在气象学中，雾系指造成能见度小于1千米的小水滴悬浮体，是一种常出现于秋冬季节的天气现象。

霾主要是由空气中的灰尘、硫酸、硝酸、有机碳氢化合物等粒子组成的，霾天气是大气中悬浮的大量微小颗粒使空气混浊、视野模糊并导致能见度降低到10千米以下的天气现象；霾厚度比较厚，可达1～3千米，其粒子分布均匀，故与晴空区之间没有明显分界；由于霾的散射波较长，故霾呈黄色或橙灰色。

近期，我国不少地区将雾并入霾一起作为灾害性天气现象进行预警报告，统称为“雾霾天气”。雾霾天气是一种大气污染状态，其出现是特定的气候条件与人类活动相互作用的结果。

其实，从一些方面来讲雾与霾之间有着很大的区别：雾时空气湿度较大，霾时空气相对干燥；一般相对湿度小于80%时的大气混浊、视野模糊导致的能见度下降是霾造成的，相对湿度大于90%时的大气混浊、视野模糊导致的能见度下降是雾造成的，相对湿度介于80%～90%之间时的大气混浊、视野模糊导致的能见度下降，是由于霾和雾的混合物共同造成的，但其主要成分是霾。

理论上的雾是由水汽凝结而成的水滴。假设大气中不存在细颗粒物，自然条件下只有相对湿度达到400%的时候，水蒸气才可以转化为液态水滴。而现实中大气中有细颗粒物的存在，这就降低了雾形成所需的相对湿度，理论上细颗粒物的浓度越高，所需的相对湿度越低。影响霾形成的关键物质是空气中悬浮的细小颗粒，即气象学中的气溶胶颗粒。因此，雾和霾都必须关注空气中细颗粒物的问题。

2.雾霾是由哪些成分组成的

构成雾霾的气溶胶组成成分十分复杂，包括数百种大气颗粒物，其中灰霾粒子粒径为0.001～10微米，平均粒径为1～2微米，粒径较小；其中直径小于10微米的气溶胶粒子对人类健康的危害最大。该粒级的粒子能直接进入并黏附于人体上下呼吸道和肺叶中，引发鼻炎、支气管炎等疾病，长期处于该环境甚至会引发肺癌。

气溶胶颗粒的来源主要有两种途径：一次排放和二次生成。一次排放是指污染源直接向大气中排放颗粒物。二次生成是指污染源排放的气态化合物在大气中经过大气化学的反应过程转化为颗粒物，如二氧化硫气体在大气中可以转化为硫酸盐颗粒物。与一次排放相比，二次生成的颗粒物通常粒径更小，所占比重更大。雾霾的主要化学组成是二氧化碳、氮氧化合物以及可吸入颗粒物，前两者是气态污染物，最后一项颗粒物是产生雾霾的最主要因素。

雾霾的出现严重影响到了人类的生产生活，如对交通运输、工农业生产造成了严重的危害。而且由于其化学成分复杂以及不易沉降和扩散的特点，给人体健康和生态环境带来诸多不利影响。

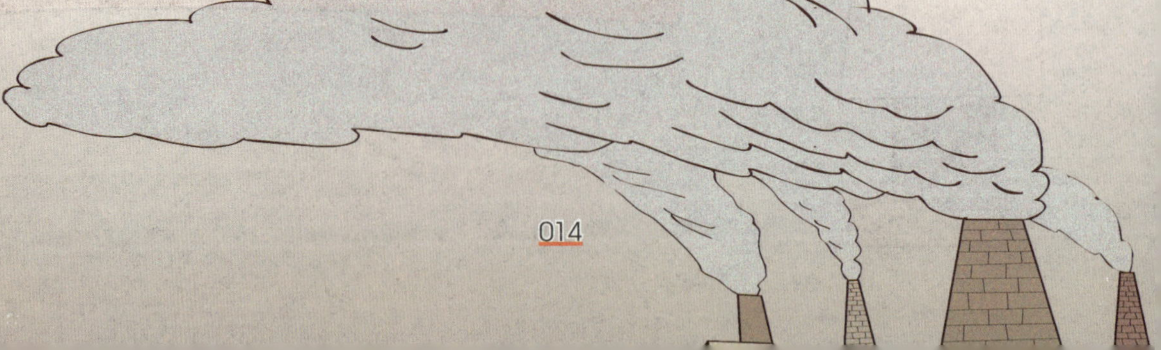

雾
霾

3.雾霾有哪些特征

雾霾发生时，由于逆温层的存在，大气稳定，气溶胶粒子在逆温层下累积，并作为凝结核为雾的形成提供必要的物质条件。在夜间，气溶胶粒子可以影响地表的长波辐射，改变近地层温度的分布状态，进而影响雾的形成和发展。气溶胶粒子可以通过对光的衰减作用直接降低大气的能见度，亦可通过增加凝结核的数量来间接降低能见度。在相同大气相对湿度条件下，凝结核的增加会造成雾滴浓度的快速上升，进而导致大气能见度大幅下降。

另外，雾对气溶胶也有影响。经研究发现，持续时间短的雾不足以通过自身的湿清除作用使多数气溶胶粒子移出大气。相反，雾消散后，经历了化学反应的雾滴通过蒸发作用形成新的气溶胶粒子，这些新生成的气溶胶粒子具有较强的吸湿性，当其浓度达到一定数值时便会形成霾。如果雾的持续时间较长，则其对气溶胶粒子浓度的影响不同。经过观测表明，当雾过程持续时间较长时，雾滴对气溶胶粒子具有很强的沉降作用，可以将部分气溶胶粒子从大气中移除，并限制雾中气溶胶粒子的累积，使气溶胶粒子浓度下降。

气象学家经观测发现，雾和霾常常是交替出现的。以能见度和液水含量为据，连续雾霾过程可以分为雾、湿霾、轻雾和霾4个阶段。雾阶段粗粒子数浓度、表面积浓度和体积浓度均处于最大状态，霾阶段其各项浓度值最低。雾和湿霾阶段细粒子表面积浓度分布相似，0.04～0.13微米和0.02～0.14微米的细粒子含量最高；轻雾和霾阶段细粒子表面积浓度分布相似，0.02～0.06微米的细粒子含量最高。

气溶胶
PM2.5
灰尘

4.我国雾霾在时空分布上有哪些特征

影响我国的雾霾天气在时间与空间上均呈现出一定的变化规律。为了更深入地了解这一规律，下面我们具体介绍雾霾的月、季节、年际、空间分布规律及其原因。

长时间尺度上雾霾变化规律

据统计资料显示，1961～2013年我国的雾霾天气发生次数总体呈上升趋势，其中雾天数减少，而霾天数却逐渐上升。与国际上其他雾霾灾害发生地相比，如洛杉矶、伦敦等，中国的雾霾呈现出持续时间长、影响范围广、污染程度严重等特点。2013年是有雾霾监测数据以来，雾霾灾害最为严重的一年。根据全国范围内2500个气象观测站的雾霾观测资料统计显示，2013年1～11月，每站平均出现雾霾日数36.5天，超出历史同期13.2天。

以京津冀为中心的北方地区、以长江三角洲为中心的华东地区、以珠江三角洲为中心的华南地区、以乌鲁木齐为中心的西北地区和以成都为中心的西南地区是中国雾霾灾害较为严重的五个地区。监测资料显示这五个地区2013年的平均雾霾日数均远远超过历史同期水平。据长三角地区55个气象观测站的监测资料显示，2013年1～10月，各站点平均出现雾霾天气94.2天，雾霾日数占总天数的比例达到30%以上，而历史平均雾霾日数41.9天，增长比例超过100%。京津冀26个气象观测站的统计数据同样显示，该地区平均雾霾日数达到了49.1天，而历史同期雾霾天数为19.2天，增幅大于150%。

王腾飞等学者依据《地面气象观测规范》，对雾日和霾日分别进行统计分析。结果显示1961～2013年的1~11月，中国雾日天数和霾日天数呈现不同的变化趋势。近53年来，每年1～11月中国年雾霾总日数维持在25～100天。但分别而言，雾日总体呈现减少趋势，霾日却呈现上升趋势。尤其是进入21世纪后，雾日减少、霾日增加的趋势更为明显。

引起各地区雾霾天气呈现急剧增加趋势的原因主要包括人为影响、气候影响以及地理条件的影响。前面我们已经介绍过，良好的气象条件有利于废气和污染颗粒物的扩散，而不好的气象条件则不利于废气和污染颗粒物的扩散，从而导致并加剧雾霾灾害的发生。近年来，年降水日数的减少、年平均风速的减小和静风天数的增加，这三种气象条件的变化是导致雾霾灾害越来越严重的主要气象因素。监测资料显示，近50年来，中国总体降水日数呈现减少趋势，平均每十年减少3.9天。降水日数的减少降低了雨水对大气中颗粒悬浮物的清除能力，增加了雾霾发生的概率。近60年的监测资料显示，中国的年平均风速呈降低趋势。

雾霾的空间及季节变化特征

1961～2013年全国平均霾天气年总日数分布研究显示：中国的霾天气主要分布在东经100°以东、北纬42°以南地区，其中华北的中部和西部、西北的东南部、华中大部、华东大部、华南西部和南部地区平均霾天气年总日数较高，是霾天气的多发区。空间分布特征呈现东多西少的态势，东部多集中在长江中下游、华北和华南等地区；其中霾天气高频区主要集中在人口比较密集的大城市和煤矿基地，如环北京地区、山西中南部地区、陕西和河南局部地区、长江三角洲、珠江三角洲等地；且在同一区域内，大中城市的霾天气较乡村明显偏多。对1961～2013年中国霾日统计资料的分析显示：我国大部分地区霾日呈现为冬季多、夏季少、春秋季居中的特点。

第三章 雾霾是怎样形成的

近年来，在政府监管以及环境保护法律法规的约束下，北京的空气污染物排放总量在逐步下降，但由于污染物排放基数大，故短期内污染物排放总量无法实现有效减少。因此，会给大众造成空气质量持续恶化的印象。特别是在国家实时公布城市PM2.5监测值后，公众更为关注居住地的空气质量，在得不到专业人士科学正确的解答时，容易对雾霾的成因产生不理性的认知，引起不必要的恐慌。所以，认识雾霾的成因非常有必要。

1.组成雾霾的污染物有哪些

根据雾霾的组成我们可以知道，大气中的气溶胶粒子是雾霾形成的主要因素。而城市中，人为来源的大气污染物是气溶胶粒子的主要成分。大气污染物人为来源主要有化石燃料的燃烧、垃圾的焚烧、道路及工程扬尘、汽车尾气、饭店油烟、工业污染等。

下面我们对大气中主要的污染物及其来源、危害进行具体的介绍。

硫氧化物

空气中的硫氧化物主要是二氧化硫。二氧化硫是一种无色且具有强烈刺激性气味的气体，是目前大气污染物中数量较大、影响范围较广的一种气态污染物。大气中二氧化硫的人为来源很广，几乎所有的工业活动都会产生。二氧化硫主要由化石燃料等含硫物质燃烧过程以及硫化物矿石的冶炼过程产生的。

二氧化硫易溶解于人体的血液和其他黏性液，对人体结膜以及上呼吸道黏膜有强烈刺激性，可致支气管炎、肺炎、肺水肿呼吸麻痹、眼结膜炎症等。长期接触二氧化硫浓度为0.1毫克/立方米空气的人群，呼吸系统疾病发病率增高；空气中二氧化硫浓度高于0.25毫克/立方米，可使呼吸道疾病患者病情恶化；老年病人短期接触二氧化硫浓度为0.5毫克/立方米的空气可导致死亡率增高。

另外，二氧化硫容易引起金属材料、建筑物以及棉纺或皮革等制品的腐蚀、剥落和损坏，给国民经济造成严重损失；对植物的生长机能也有很大的影响，导致农作物产量的下降。据估计，工业发达国家每年因为金属腐蚀而带来的直接经济损失占国民经济总产值的2%～4%。

氮氧化物

氮氧化物指的是仅由氮、氧两种元素组成的化合物，是主要的大气污染物之一，包括一氧化二氮（N_2O）、一氧化氮（NO）、二氧化氮（NO_2）、三氧化二氮（N_2O_3）、四氧化二氮（N_2O_4）和五氧化二氮（N_2O_5），总体用氮氧化物（NOx）表示。其中大气污染物中的氮氧化物主要是一氧化氮和二氧化氮。

一氧化氮毒性较弱，但进入大气后可被缓慢氧化成二氧化氮，二氧化氮的毒性是一氧化氮的5倍。二氧化氮可参与大气中的光化学反应，一旦形成光化学烟雾，其毒性更大。氮氧化物的人为来源主要是在各种炉窑的燃烧、机动车和柴油机的排气，此外硝酸的生产、硝化过程、炸药的制作等都会有氮氧化物产生。

一氧化氮可引起变性血红蛋白的形成并对中枢神经系统产生影响；二氧化氮可对肺造成损害，严重的甚至引起肺水肿，二氧化氮慢性中毒可致气管、肺病变。

氮氧化物与许多大气环境问题相关，如光化学烟雾、酸沉降和全球气候变化。氮沉降量的增加会造成地表水的富营养化和陆地、湿地、地下水系的水质酸化和中毒，进而破坏生态系统。国家环境质量标准规定，居住区的氮氧化物平均浓度应低于0.10毫克/立方米，年平均浓度低于0.05 毫克/立方米。

碳氧化物

此处提到的碳氧化物主要是指一氧化碳（CO）和二氧化碳（CO_2），是各种大气污染物中发生量最大的一类污染物，其主要来自化石燃料的燃烧以及机动车尾气的排放。

一氧化碳是一种窒息性气体，进入大气后，由于大气的稀释和氧化作用，所以一般不会造成危害。但是当气象条件不利的条件下，在城市的冬季和车辆比较密集的路段，一氧化碳的浓度有可能达到有害人体健康的水平。

二氧化碳本身是一种无毒气体，但是当空气中二氧化碳浓度过高时，氧气的含量会相对减少，从而可能会对人体产生不良影响。同时，二氧化碳是造成“温室效应”的罪魁祸首，这迫使各国政府采取措施控制二氧化碳的排放。

有机化合物

有机化合物主要由碳、氢元素构成，其种类很多，从甲烷到长链聚合物的烃类都属于有机化合物。大气中的挥发性有机化合物（VOCs），一般是碳原子数量在10以内的化合物，其不同于严格意义上的碳氢化合物，除含有碳和氢元素之外，常含有氧、氮和硫原子。有机化合物主要来自机动车和燃料燃烧的排气、石油炼制和有机化工生产。

大气环境中有机化合物的浓度虽然很低，却在大气化学过程中发挥着重要的作用，对大气的氧化性、二次气溶胶的形成、大气的辐射平衡以及环境气候的变化问题有着很大的影响。某些有机化合物，如苯、甲苯、乙醛等，具有致毒性、致畸性和致癌性，严重危害到了人体的健康。

以北京为例，根据北京市环保局的调查数据显示，北京大气污染源中，机动车尾气排放占22%，化石燃料燃烧造成的污染占16.7%，工业喷涂占16.3%，城市扬尘污染占16%，农村秸秆焚烧等占4.5%，还有24.5%来自北京周边地区大气污染物的扩散作用。

该数据表明，机动车尾气是大气污染物的最主要来源。在机动车中又以使用柴油的大型车为首，包括城市公交车、各单位班车以及大型运输卡车等。而使用汽油的小型车排放气态氮氧化物一旦遇上雾天，也很容易转化为二次颗粒污染物，导致雾霾加重。北京地处华北平原北部，属于典型的北温带半湿润大陆性季风气候，其冬季寒冷干燥，居民冬季燃煤供暖产生废气亦会加重雾霾。北京及其周边地区分布有大量的工厂，工业生产会排放大量废气。其中以高能耗、高污染的工厂企业向空气中排放污染物最为显著。如机电、冶金等制造业以及建材生产的工业窑炉与锅炉燃烧排放的废气。而道路交通、基建工地和矿区开采的扬尘以及水泥灰尘也是大气污染物的重要来源。

2.对人类影响最大的是哪种污染物

在大气污染物中，国家重点监测、民众重点关注，同时也是对人类影响最大的就是PM2.5。

PM2.5的组分既有直接排入空气中的一次污染物，又包括空气中的污染物通过化学反应转化生成的二次污染物。

一次污染物主要包括尘土粒子和植物、矿物燃料燃烧产生的炭黑粒子两大类，同时还有痕量金属元素的存在。

二次污染物主要是指硫酸盐、硝酸盐和铵盐(由大气中的硫氧化物和碳氧化物与氨反应生成)，其中以硫酸盐为主，约占PM2.5总量的18%，其次是硝酸盐和铵盐，各占12%。

一般二次污染物的毒性和持久性（在空气中停留的时间）要强于一次污染物。

3.雾霾的形成与哪些气象因素有关

气象因素，是指与气象相关的因素，如云（云量、云状、云高）、能见度、天气现象（雨、雪、冰雹、沙尘暴、雷暴等）、气压、气温、湿度、风向、风速、蒸发、降水量等。这些气象因素对雾霾的形成都起到哪些作用呢？下面我们逐一了解下。

气压

气压是作用在单位面积上的大气压力，即等于单位面积上向上延伸到大气上界的垂直空气柱的重量。气压的单位有两种：一种以水银柱高低来表示气压高低，例如一个大气压相当于760毫米水银柱；另一种是气压的国际制单位——帕斯卡（Pa），以单位面积上所受大气柱压力大小表示气压高低，1帕表示在1平方米面积上受到1牛顿的力。一个760毫米水银柱的标准大气压相当于101 325帕。

气压高时，空气的流动性较小，使大气处于稳定状态，不利于污染物质的扩散，有利于雾霾天气的产生；气压低时，空气的流动性较大，易于污染物质的扩散和转移，不易于出现雾霾天气。有研究表明，霾的形成与气压相关性较强，负变压时灰霾出现最多，气压减弱更有利于灰霾形成。

气温

气温即大气的温度，国际单位为摄氏度（℃）。天气预报中所指的气温是以安置在1.5米高的百叶箱里的空气温度为标准，所以有时气象台预报的气温会与我们实际所处环境的气温有所差异。一日内的最高气温是指该日气温的最高值，一般出现在14～15时；最低气温是一日内气温的最低值，一般出现在早晨5～6时。气温对雾霾的影响主要是通过逆温层的形成来实现的。

湿度

湿度表示大气潮湿（或干燥）程度的物理量。在温度、体积一定的条件下，空气里含有的水汽越少，则空气越干燥；反之，水汽越多，则空气越潮湿。大气湿度一般可用水汽压、绝对湿度、相对湿度来表示。绝对湿度是在标准状态下(0℃，101 325Pa)每立方米大气中所含水蒸气的质量；相对湿度指大气中实有水汽压与同等条件下饱和水汽压的百分比。湿度是雾和霾形成的必要气象因素，有研究显示，霾天气的出现与相对湿度呈稳定负相关线性关系。

风速

风是一种很常见的自然现象，集结的水蒸气（云）结成水时，体积缩小，周围水蒸气前来补充，引起大气的运动，风也就形成了。风速是指空气相对于地球某一固定地点的运动速率，风速的常用单位是米/秒。

风速没有等级的，风力才有等级，风速是风力等级划分的依据。一般来说，风速越大，风力的等级就越高，风的破坏力也就越大。风可以通过搬运作用，将局部地区空气中的细微颗粒吹送到其他区域，或者高空；同时也可以使其垂直运动，与大气充分结合，稀释大气中有毒有害物质的浓度，从而改善空气质量。如果风速减小，则不利于污染物质的扩散和稀释，容易导致雾霾的发生。

降水

水是地球上生命的根本，水的变化和运动造就了我们今天的世界。空气中的水汽冷凝并降落到地表的现象，称之为降水。降水主要包括两个部分：一部分是大气中水汽直接在地面或地物表面及低空的凝结物，如霜、露、雾和雾凇，又称为水平降水；另一部分是由空中降落到地面上的水汽凝结物，如雨、雪、霰雹和雨凇等，又称为垂直降水。

降水量是指从天空降落到地面上的液态和固态（经融化后）降水，没有经过蒸发、渗透和流失而在水平面上积聚的深度，其度量一般是以单位时间内降液态水的高度(毫米)为准。但是统计降水量时，单纯的霜、露、雾和雾凇等因为本来就生成于地面，没有经过“降”的过程，并不被记作数值。在中国，国家气象局地面观测规范规定，降水量仅指的是垂直降水，水平降水不作为降水量处理，发生降水不一定有降水量，只有有效降水才有降水量。一天之内50毫米以上降水为暴雨（豪雨），25毫米以上为大雨，10～25毫米为中雨，10毫米以下为小雨，75毫米以上为大暴雨（大豪雨），200毫米以上为特大暴雨。

降水的冲刷作用，可以去除空气中的部分颗粒悬浮物，有效地降低大气气溶胶的含量，清洁大气环境。但是如果降水日数减少，大量的悬浮物由于长时间缺少雨水的冲刷，在空气中悬浮的持久性增加，为雾霾的形成提供了必需的物质基础。

蒸发

蒸发是物质从液态转化为气态的相变过程。蒸发量是指在一定时段内，水分经蒸发而散布到空中的量，通常用蒸发掉的水层厚度的毫米数表示。一般温度越高、湿度越小、风速越大、气压越低，则蒸发量就越大；反之蒸发量就越小。从微观上来说，蒸发就是液体分子从液面离去的过程。由于液体分子都在不停地做无规则运动，它们的平均动能的大小一般由液体本身的温度决定。由于液体分子的无规则运动和相互碰撞，所以在任何时刻总有部分分子的动能要大于总体的平均动能。这些具有足够大动能的分子，若恰好处于液面附近，其动能大于从液面逃逸时克服液体内分子间的引力所需的功时，这些分子就能逃逸出液面，这就是蒸发现象。逃逸出去的分子在和其他分子碰撞后，有可能再回到液面上或进入液体内部。如果逃逸出去的分子量多于回到液面的分子量时液体就在蒸发。当地表面湿度较大时，日照能增加水汽的蒸发上升运动，有利大气对流运动的形成，从而减轻大气的污染程度，降低雾霾天气的出现概率。

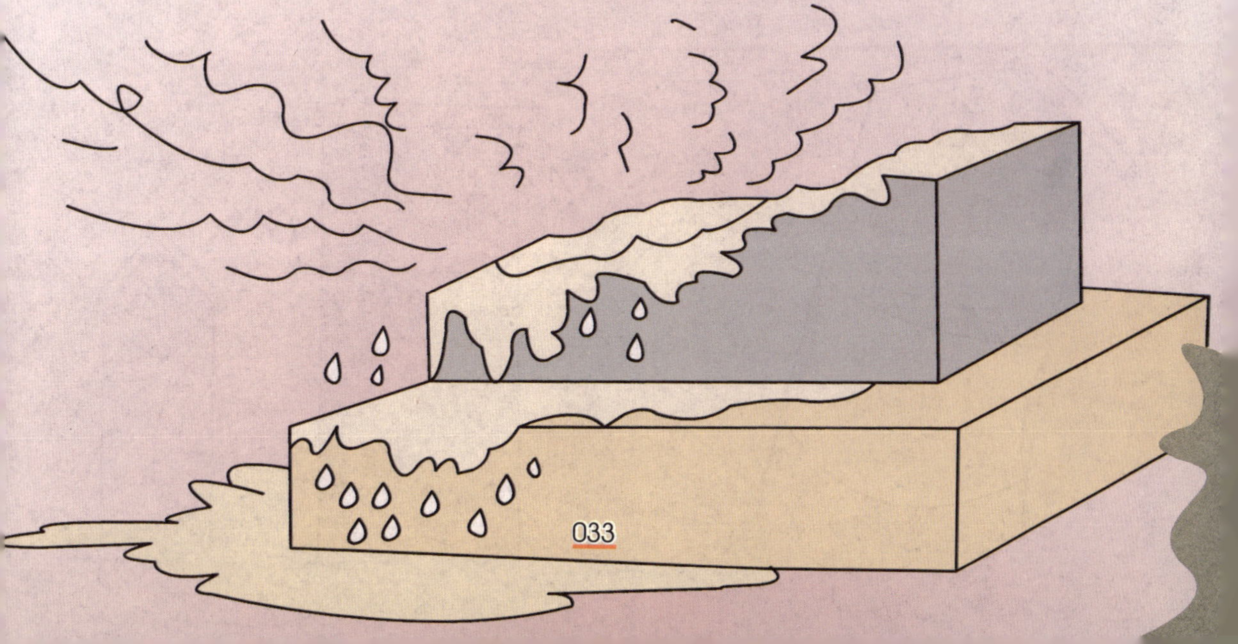

总之，大气对流层中，正常情况下，气温是随高度增加而下降的，但是在大气相对湿度较大、风力较弱的情况下，大气将会出现逆温现象，即气温随高度的升高而增加。具有逆温层的大气层是极其稳定的大气层。由于逆温形成后，暖空气在冷空气之上，逆温层像被子一样阻碍大气的正常垂直对流运动，导致空气中的各种污染物无法穿过逆温层及时扩散，而只能在下层聚积或扩散，雾霾天气就很容易形成了。

经研究分析发现，近几年，我国中东部地区出现的雾霾天气形成的气象原因主要有以下几点：一是这些地区晴朗天气较多，有利于夜间的辐射降温，加之近地面空气相对湿度较大，有利于空气饱和凝结形成雾；二是冷空气活动较弱，风速较小，大气层较为稳定空气的不流动，造成空气中的微小颗粒聚集，悬浮在空气中，不易扩散。如2013年1月，受区域大雾影响，北京发生4次重雾霾天气。监测结果显示，雾霾发生的天气大气环流异常，空气湿度较大，风速较低。

4.雾霾的形成与地理条件有何关系

除去人为因素以及气象条件的影响外，雾霾的形成在很大程度上还受到地理条件的影响，当地的地势、地形条件都在雾霾的发生中扮演着重要的角色。首先我们认识下地势和地形。

了解地势和地形

地势是指地表形态起伏的高低与险峻的态势，包括地表形态的绝对高度和相对高差或坡度的陡缓程度。

地形是指地表各种各样的形态，具体指地表以上分布的固定性物体共同呈现出的高低起伏的各种状态。

基本的地形分五种：高原、盆地、平原、丘陵、山地。高原是海拔高度一般在1 000米以上，面积广大，地形开阔，周边以明显的陡坡为界，比较完整的大面积隆起地区；盆地主要特征是四周高，中部低，因盆状得名；平原海拔一般在0到500米，地面平坦或起伏较小，主要分布在大河两岸和濒临海洋的地区；丘陵为世界五大陆地基本地形之一，是指地球表面形态起伏和缓，绝对高度在500米以内，相对高度不超过200米，由各种岩类组成的坡面组合体；山地是指海拔在500米以上的高地，起伏很大，坡度陡峻，沟谷幽深，一般多呈脉状分布。中国的地形复杂多样，几类基本地形在中国均有分布。

中国地貌形态大势表现为：西高东低，呈阶梯状分布，从青藏高原向东延伸到海面以下的大陆架，可以分为三级大的阶梯。

第一阶梯：我国西南部的青藏高原，平均海拔在4 000米以上，号称“世界屋脊”。青藏高原上分布着许多高山冰川，主要有昆仑山、冈底斯山、喜马拉雅山等。喜马拉雅山主峰——珠穆朗玛峰，海拔8 848.3米，是世界第一高峰。其北部与东部边缘分布有昆仑山脉、祁连山脉、横断山脉，是地势一、二级阶梯的分界线。

第二阶梯：在青藏高原边缘以北跨越昆仑山和祁连山脉，往东越过横断山脉后，分布着一系列宽阔的高原和巨大的盆地，地势显著下降，大部分平均海拔下降到1 000～2 000米，局部地区甚至在500米以下，属地势的第二级阶梯。该阶梯上主要的地貌类型有高原和盆地。著名的大高原有内蒙古高原、黄土高原、云贵高原，这三大高原和青藏高原并称中国的四大高原。主要的大盆地有塔里木盆地、四川盆地和准噶尔盆地。位于天山东部的吐鲁番盆地，最低处海拔为155米，是中国陆地上的最低点。

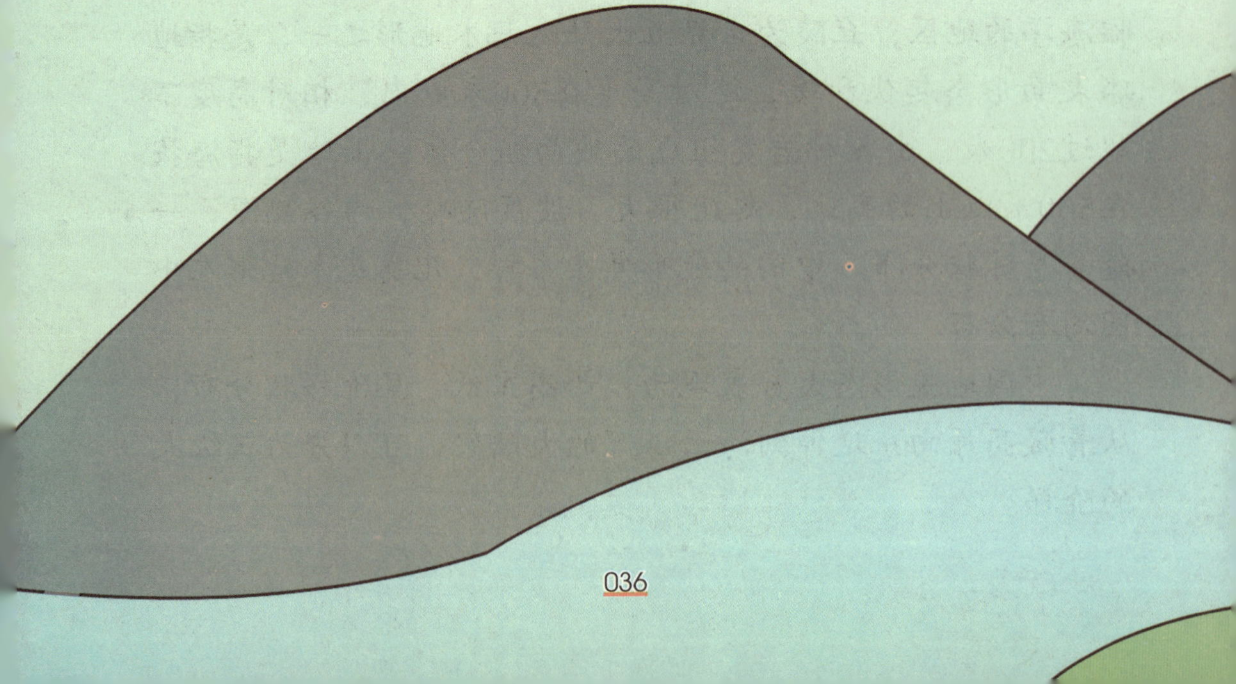

第三阶梯：从第二阶梯往东，越过大兴安岭、太行山、巫山、雪峰山一线，直至海滨，海拔多在500～1 000米以下，主要地貌类型较为复杂，属于丘陵、低山和平原交错分布的地区，属于地势的第三阶梯。自北而南有几乎连成一片的东北平原、华北平原和长江中下游平原，并称为中国的三大平原。第三级阶梯继续向海洋延伸，形成了近海的大陆架。我国的大陆架较为广阔，包括渤海和黄海的全部、东海的大部分，以及南海的一部分。

我国地势条件西高东低，向海洋倾斜，这有利于湿润气流从海洋深入内地，从而有助于降水的形成；此外地势条件使得我国多数大河流向朝东，有利于东西方的交通运输以及各项交流活动的进行。

地理条件对雾霾形成的影响

有关学者研究中发现，大气污染与气象条件之间有着极密切的关系，气象条件对污染物浓度的影响很大。地形可以影响一定区域内的气象条件，如风速、风向以及逆温层的形成，进而使污染物的扩散输送过程变得复杂，影响近地面大气污染物的浓度以及雾霾的形成过程。

在世界历史上发生的主要的大气污染公害事件中，不利的地理条件都发挥了至关重要的作用。而2013年我国中东部地区雾霾事件中，地理条件同样有着不可忽视的地位。以京津冀地区为例，京津冀地区西侧是太行山脉，北侧是燕山山脉，这使得京津冀地区西北两面被山地所围，地形条件闭塞，影响到了大气的环流过程，改变了一定区域内的风向以及风速条件。该地特殊的地理条件，在相同的风速条件下，北风对污染物的扩散作用更为显著，在风速没有达到一定量级的情况下，南风有时候反而会造成该地区空气污染程度的加重，这是因为偏南风造成本地排放和外部输送的污染物在山前快速堆积，从而使沿山及山前地区空气污染最重。而太行山脉以及燕山山脉很好地阻挡了西北风对京津冀地区的侵袭，秋冬两季的主导风向是偏南风，只要天气相对平稳，风速就很小。这严重影响了北京地区大气污染物的扩散，加重了雾霾发生的几率和根治的难度。

第四章 雾霾的危害

根据前面的介绍我们可以知道，雾霾中含有大量的有毒有害物质，这对人体健康、生态环境以及气候变化等都有很大的影响，下面让我们具体了解雾霾都有哪些危害。

1.雾霾对人体健康的危害有多大

雾霾对人体健康的影响主要表现在以下几个方面。

伤皮肤

雾霾天气，空气直接接触的皮肤会有不适症状出现。人的皮肤与其他器官一样，也有呼吸的功能，在干净的大气环境中，皮肤会感觉舒适、滋润；反之在大气质量较差的环境中，皮肤也会有不适的感觉，所以雾霾天气会对人体的皮肤产生影响。

雾霾天气大气中的硫氧化物、氮氧化物以及可吸入颗粒物含量很高，而前两种物质属于有毒的酸性物质，会对皮肤产生很强的刺激作用，加之可吸入颗粒物持续阻碍着皮肤的呼吸与排毒作用；同时大气气溶胶颗粒有着很强的吸附性，会吸附很多的细菌、病毒。这些细菌、病毒一旦聚集，沾染在皮肤表面，就会加重皮肤病的滋生，特别是皮肤较为敏感的人群更容易受到伤害。

伤肺

众所周知，雾霾天气对呼吸系统的影响最大。呼吸系统与外界大气环境接触频繁，且接触面积较大，数百种大气颗粒物特别是PM2.5微粒能直接进入并黏附在人体上下呼吸道和肺叶中，并且大部分会被人体吸入。

另外，雾霾天气导致近地层紫外线减弱，这容易造成空气中病菌活性的增强。由于大气细颗粒物的吸附作用，细菌、病毒会在大气中聚集，并被人体吸入，到达呼吸系统的深处，造成感染。

根据相关统计显示，雾霾对人体健康的影响分别有数年不等的滞后期。如在上海奉贤区雾霾日数每增加10天，所有肿瘤发病率增加2.4%，这与北京、广州以及美国一些观察和研究结果比较一致，说明雾霾与癌症发病率或病死率等存在一些关联。

伤心脏

许多医学研究证明，雾霾发生时，大气中的颗粒污染物除了造成心肌缺血或损伤，还会引发心肌梗死，患有心脏病或心脏不太好的人，对PM2.5增加十分敏感，易加重病情。如造成心衰病人呼吸困难或短促、心衰加重、病人病死率增高等。

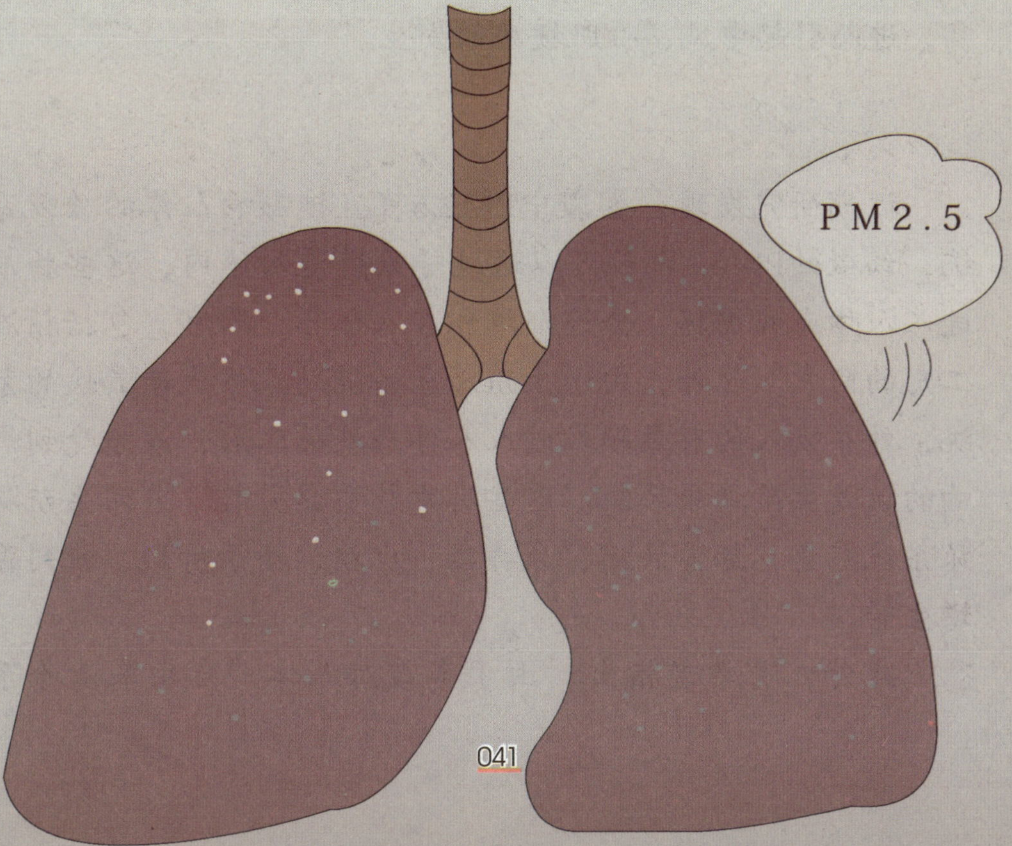

哈佛大学公共卫生学院证明，阴霾天中的颗粒污染物不仅会引发心肌梗死，还会造成心肌缺血或损伤。美国调查了2.5万名有心脏病或心脏不太好的人，发现PM2.5增加10微克/立方米后，病人病死率会提高10%～27%。

伤血管

出现雾霾天时，大气中污染物众多，气压较低，天空中污染物不易扩散，容易长期堆积于近地气层，人会产生一种心情郁闷和烦躁的感觉，使人体血压升高，容易诱发心血管疾病的急性发作，如中风、心肌梗死等心血管疾病。

雾霾较重的时候，大气中水汽含量往往较高，人们在户外活动和运动时，汗液不容易排出，造成胸闷、血压升高。此外，雾霾天气气温通常较低，高血压、冠心病患者从温暖的室内突然走到寒冷的室外时，血管冷缩，也会导致血压升高，进而引起中风、心肌梗死的发生。

伤生殖泌尿系统

近期研究发现，雾霾中PM2.5可直接影响人体的呼吸系统，细微的PM0.1颗粒可以通过呼吸道进入体内，这些物质进入人体血液循环，会逐渐堆积在人体各个器官，包括精液工厂的阴囊。此外，由于生殖泌尿系统是人体代谢最快的系统，外界吸入的有毒颗粒进入人体血液循环后，最先受到影响的就是生殖泌尿系统。这些有毒物质会引起一系列生殖泌尿系统病变，如肾衰竭、尿毒症、少精、精子畸形、前列腺增生等。

此外，有学者指出，由于雾霾对人体“自由基清除系统”的损害，造成人体内有毒物质过度堆积，它们通过氧化作用攻击生命大分子物质，导致这些组织细胞内DNA、蛋白质、脂膜的损伤，从而诱导细胞凋亡，加速机体老化。某些疾病在雾霾天会出现明显地加重或急性发作症状。由于PM2.5可以进入呼吸系统，刺激并破坏气管黏膜，导致其抵抗病毒、细菌进入肺部组织的功能下降，加之秋冬季节温度变化频繁，昼夜温差较大，人体易发生感冒、发烧，特别是患有哮喘、过敏性鼻炎、慢性支气管炎等呼吸系统疾病的人，可能造成鼻腔组织损伤和肺部感染，以及出现疾病急性发作，严重时甚至危及生命。

2.雾霾对大气环境会造成怎样的破坏

据最新的中国人民大学环境学院等机构发布的《中国城市空气质量管理绩效评估》显示，全国空气质量好的城市个数占10.67%，差的城市占75.8%，极差的城市占13.52%。其中，空气质量好的城市中，经济发展水平低的城市所占比例大；空气质量差的城市里，工业城市、采暖城市所占比例大；空气质量极差的城市中，采暖城市、经济发展水平高的城市所占比例大。46.02%的居民对城市空气质量状况不满。

空气质量下降的重要表现就是雾霾天气频发。雾霾天气严重影响了大气环境的质量，当出现雾霾天气时，空气中往往会带有细菌和病毒，并且大气中的污染物扩散难度加大，甚至形成烟尘、黑色烟雾等天气现象，这导致大气环境质量的明显下降。

监测资料统计分析显示，与欧美国家的城市相比，我国大部分城市雾霾天气的特点是：大气颗粒物污染相对比较严重，其中PM2.5占了很大比例，雾霾天气PM2.5的浓度明显升高，为非雾霾天气的3～5倍。

根据美国国家航空航天局(NASA)发布的2001～2006年全球平均PM2.5浓度卫星遥感图进行分析，我国的PM2.5浓度水平位居世界前列，其中东部沿海地区PM2.5污染尤其严重，特别是我国华北平原的PM2.5浓度为全球最高值，达到80微克/立方米 (2001～2006年平均值)。雾霾天气发生时，空气中污染物特别是颗粒物浓度急剧增加。

近年来，国内一些城市开展了雾霾天气PM2.5污染特征研究。结果表明，广州地区能见度的恶化主要与空气中细颗粒的含量有关，PM2.5季均值全部超过美国国家标准的日均值浓度限值，PM2.5占环境空气中粒径小于10微米的颗粒物（PM10）的比重达到62%～69%，尤其是旱季比雨季更高。

此外，雾霾天气发生时，大气气溶胶中一些颗粒物的成分也发生变化。以成都市为例，灰霾期间大气PM2.5中的铜、锌、钼、铅、溴、硫、镉、砷以及氯等元素比非雾霾天气更容易富集。同样的广州市雾霾期，大气中PM2.5中钾、铝、铁、锰等无机元素的质量浓度要高于非雾霾期，且来源于人为活动的铜、锌、铅、砷在雾霾天气更容易富集。

3.雾霾对交通的影响表现在哪些方面

雾霾天气对交通的不利影响主要因为空气的能见度很低，这严重影响到了人们的出行。时常可以在媒体上看到由于雾霾的发生，导致视野范围太窄而造成交通事故的多发。因此，在雾霾发生时，各地交通部门均会对其境内的高速公路、港口船舶以及飞机航班等采取临时的交通管制措施。

以2013年1月发生的雾霾为例，北京、天津、河北、湖北等地多条天津到北京的高速公路全路关闭。河北省境内的18条高速公路被关闭，在京哈高速卢龙段，河南境内的7条高速公路封闭，等候出行的车辆一度排起长队。由于雾霾影响，11日凌晨起，天津港水域持续能见度较低，海上大部分水域能见度仅1 100米左右，给正常通航造成极其不利影响，临港港区船舶航行动态暂停。此外，石家庄机场因能见度低而导致多趟航班延误，南昌昌北国际机场部分航班受影响，青岛流亭国际机场60余架次进出港航班延误或取消，近5 000名旅客出行受到影响。

4.雾霾有损城市形象吗

据中国气象局发布的数据显示，2013年初的100天中，北京雾霾日数为46天，为近60年最多。在民间环保组织“自然之友”2013年4月发布的《中国环境发展报告(2013)》中，对全国省会城市和直辖市2012年的空气质量情况进行排名，兰州排名最后，北京位列倒数第二。成都、天津等城市也因近年来大规模的基建，加之工业化扩张过度造成了空气质量下降严重。该报告主编表示：“可以理解为什么有报道说一些外国人离开北京去寻找更清洁的空气。”

一些欧美国家的媒体表示，他们非常关心在华外国人这一群体。英国《金融时报》把北京的雾霾天气形容为“空气末日”。据日本《四国新闻》报道，日本香川县共有57家企业到中国办分厂，但由于某些区域的空气污染严重，已有部分日方人员感到不适，因此，企业有考虑从中国撤离的问题。川田工业在江苏省设有工厂，企业负责人称：“要关注公司职员的健康。如果当地污染继续恶化的话，将考虑让职员留在住所办公。”一家位于坂出市的服装厂负责人表示，“不得不考虑从中国撤退”。日本咨询公司大和总研的一名金融学家表示，空气污染可能导致日本对华投资成本增加。相比其他国家，日本在中国企业数量最多，超过3万家。《产经新闻》称，为避免风险，日企会加快向东南亚国家迁移的速度。

一些在华居住的外国人士表示：“虽然还是有很多外国人愿意到中国来工作，但空气污染已经让很多国际公司很难再把北京作为一个招聘的卖点了。通过对多位在京居住的外国人调查发现，他们都对中国的空气质量心存疑虑，担心持续的雾霾天气会损害自己和家人的身体健康。日本驻华大使馆环境专员冈崎雄太表示，他和夫人及两个儿子均生活在北京，为了改善生活环境的空气质量，其家中装有空气净化器，但他们想外出活动时必须考虑空气污染的问题，往往会取消安排。对此，冈崎雄太表示遗憾。他感慨，“在中国看到很多孩子去医院就诊，作为一个父亲，我也心疼不已。”一些外国友人，由于担心空气污染会对家人的健康产生损害，而考虑离开中国。对于由于工作原因而留下的外国人，其中部分要求被派回国，或是希望到中国大气环境较好的二三线城市工作；部分外国人跟雇主商议续签合同时会要求公司付给他们额外的“危险津贴”，做为在北京继续工作的前提。而这个津贴通常是公司派遣员工到例如安哥拉、尼日利亚等政治不稳定、可能会有人身安全威胁的地区才有的。

中国最新的旅游口号是邀请访客来美丽中国，但是频繁发生的雾霾天气，已经引起外界对中国工业化进程中引发的环境和健康问题的关注。过去的时间里，中国旅游业的发展得益于中国经济的快速增长和国际地位的不断提升。尽管还没有官方的统计数据显示空气污染造成了多少外国人离开中国，或使中国损失了多少外国游客，但是近来的雾霾事件以及其他环境问题，对中国旅游业的发展造成了一定程度打击的事实是不可否认的。旅游专家莫里森指出，“美丽可以有许多不同欣赏方式，但现在有关污染特别是空气污染的报道层出不穷，人家不会相信中国是百分百美丽。”美国《时代》周刊网站报道称：2013年上半年，到中国的外国游客数量比去年同期减少5%。同时据北京市旅游发展委员会的统计，2013年2月北京接待入境过夜外国游客16.5万人次，同比减少37%。

现今的中国有着巨大商机，中国的文化以及社会氛围吸引着大量的外国友人来华，但是中国的大气污染问题若不能得到有效地治理和控制，中国的国际形象依旧会大大折损。

5.雾霾会导致农作物减产吗

有学者认为，近年雾霾的频发，除了对人体造成巨大影响之外，对农作物的生产也有着重要的影响。

我们知道，绿色植物可以利用光能，把二氧化碳和水转化成贮存着能量的有机物，并且释放人类呼吸所需的氧气。植物进行光合作用时，需要依赖气孔与外界进行气体和水分的交换，气孔是植物进行体内外气体交换的重要门户，水蒸气、二氧化碳、氧气都要共用气孔这个通道。

在阳光充足的白天，叶片中的叶绿体利用太阳光能，把通过气孔进入叶片内部的二氧化碳和由根部吸收输送到叶片的水转变成碳水化合物等能源物质，同时释放氧气。但是雾霾天气空气湿度较大，水分含量较高，阳光无法照射，导致植物光合作用的弱化。同时雾霾严重的话，其中的悬浮颗粒很有可能将叶片的气孔堵塞，影响外界物质进入叶片，阻碍光合作用的进行，对植物正常生长发育产生不利影响。

有专家认为，植物虽然具有吸附尘埃的作用，但如果霾中尘粒的浓度过大，会使植株不堪重负，从而影响植株的呼吸作用。

另外，雾霾多发于秋冬季节，雾霾天气时，空气流动性差，同时遮盖阳光，降低了我国农业生产区地表为5%～30%的太阳辐射通量，而此时植物的生长并没有完全停止，较弱的光照条件影响到植物的光合作用，不利于植物的生长。这一点在设施农业上表现得尤为明显，不利的光照条件导致大棚内的气温、地温都较低，对蔬菜的生长影响很大，同时造成大棚内的湿度较大，进而容易发生病害。此外，雾霾还会影响云雨等气象因素的形成过程，进而影响了农作物的生长，导致其产量的下降。

6.雾霾会对电力行业造成损失吗

对于电力行业来说，雾霾天气的影响主要存在两类情况：一是雾霾天气导致的绝缘材料表面积污的增加；二是雾霾导致的湿沉降（湿沉降是指降水等过程使颗粒物从大气中沉降的过程）及其对绝缘子污闪电压（带电的绝缘物体表面被污染后，容易在污染物之间形成闪络，使得绝缘体被电压击穿。由于有污染物而引起绝缘体闪络的初始电压值，就是污闪电压）的影响。区域内雾霾天气的频发会导致输变电设备外绝缘材料表面湿沉降的增加。通常雾霾的脏污程度越高，其雾水电导率越大。城市雾霾形成时，其雾水电导率可持续数小时，稳定在1 000～2 000微米/厘米范围内。雾水的电导率增大时，容易引起线路发生闪络（闪络是指固体绝缘子周围的气体或液体电介质被击穿时，沿固体绝缘子表面放电的现象。）

同时，水滴中的氢化物、硫化物也会跟金属、建筑材料等发生化学反应，导致金属和建筑腐蚀、剥落，影响城市的建筑物，造成直接或间接的经济损失。而大气中的颗粒物质为云的形成提供凝结核，不同程度地改变大气的压力等气象要素，从而对云、雨等天气现象产生影响，长时间尺度上甚至可以影响气候系统。

第五章 雾霾的监测、预报及预警

国家气象部门对雾霾是如何监测的呢，他们又是如何预报雾霾的呢，雾霾预警又是怎么回事，下面我们分别详细介绍。

1.雾霾的科学监测

对于雾霾的科学监测是及时为民众提供准确预报、预警的基础。历史上，雾和霾的监测主要是通过人工观测，当有低能见度的现象出现时，观测员依据《地面气象观测规范》中有关不同的视程障碍现象的特征加上观测经验来判别，这种观测方法曾经在过去的一段时间发挥了重要的作用，为雾霾的研究积累了丰富的数据，并奠定深厚的历史基础。

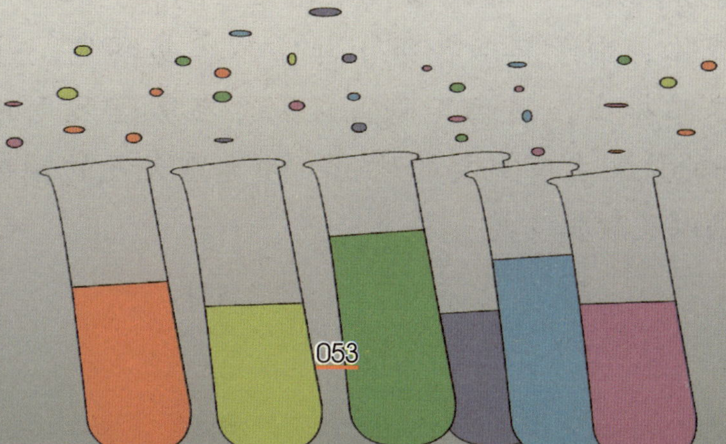

但是，近年来随着经济社会的发展，技术水平的提高，以及人为气溶胶在大气中比重的增大，人工观测的局限性更加显著。雾和霾的仪器检测受到广泛的关注，先进的科学仪器（如雾水采集器、雾滴谱仪、气溶胶谱仪等）已经完全取代人工观测。

根据雾霾的定义，为了清楚地读取雾和霾两者不同的信息，雾霾的监测分为雾的监测和霾的监测两部分。

雾的监测仪器主要有雾水采集器和雾滴谱仪，前者是测量雾水含量及其化学性质等；后者主要是测量雾滴的大小、雾滴谱特性等。由于雾霾涉及能见度和湿度，因此相应的，其监测设备还要有能见度测量仪器和湿度测量仪器。霾的主要成分是大气中的气溶胶颗粒，其监测仪器多样，主要有大气气溶胶谱仪、激光雷达气溶胶监测仪等。

雾霾的监测重点是对气溶胶颗粒物的含量进行监测。颗粒物的英文缩写为PM，我国大部分主要城市监测的是可悬浮颗粒物（TSP）、可吸入颗粒物（PM10），近年来，随着国家关于细颗粒物（PM2.5）环境标准的制定，PM2.5的监测系统被大范围的建立。

PM2.5即空气动力学直径小于2.5微米的污染物颗粒，这个直径的大小仅相当于人类头发丝粗细的二十分之一。这种颗粒本身既是一种污染物，又是重金属、多环芳烃等有毒物质的载体，由于其粒径很小非常不容易察觉，一旦被人体吸入很难排出，因此其危害极大。在雾霾天气的监测中，PM2.5的监测占有重要的地位，为雾霾天气的预警提供重要的依据以及数据支持。

2.雾霾是怎样预报的

近年来，雾霾持续笼罩我国中东部，大气污染严重。因此，公众开始广泛关注持续雾霾天气预测预报。

雾、霾及空气污染气象条件预报的基础是监测与数据的采集。要采集的数据主要包括两个部分：一是一般气象要素数据，二是大气成分数据。

气象要素数据包括温度、湿度、降水、边界层特征量实况演变及其他参数，用以确定是否会出现雾、霾及沙尘，这部分数据主要靠气象观测基本站采集，同时参考卫星遥感数据。

大气成分数据包括PM10、PM2.5、气溶胶等。相关数据采集完全后，主要的任务就是对得到的基本气象要素、大气

成分数据进行计算分析，而这主要是依靠“中国雾霾数值预报系统”而进行。

中国雾霾数值预报系统是在CUACE模式（一个针对东亚地区的沙尘气溶胶模型）的基础上建立的。该系统可以提供6类7种气溶胶组分、PM10、PM2.5和O_3浓度预报，还可以利用不同气溶胶组分的光学特性，对雾霾预报的关键参数——能见度进行预测。该系统是由中国气象局数值预报中心负责运行和维护，产品已经被中央气象台，浙江、广东省气象局等部门所应用，并在雾霾的预测中发挥着不可忽视的作用。

在此需要注意的是，雾霾预报并不完全相同于空气质量预报。雾天气与霾天气时，大气中气溶胶颗粒的构成是有

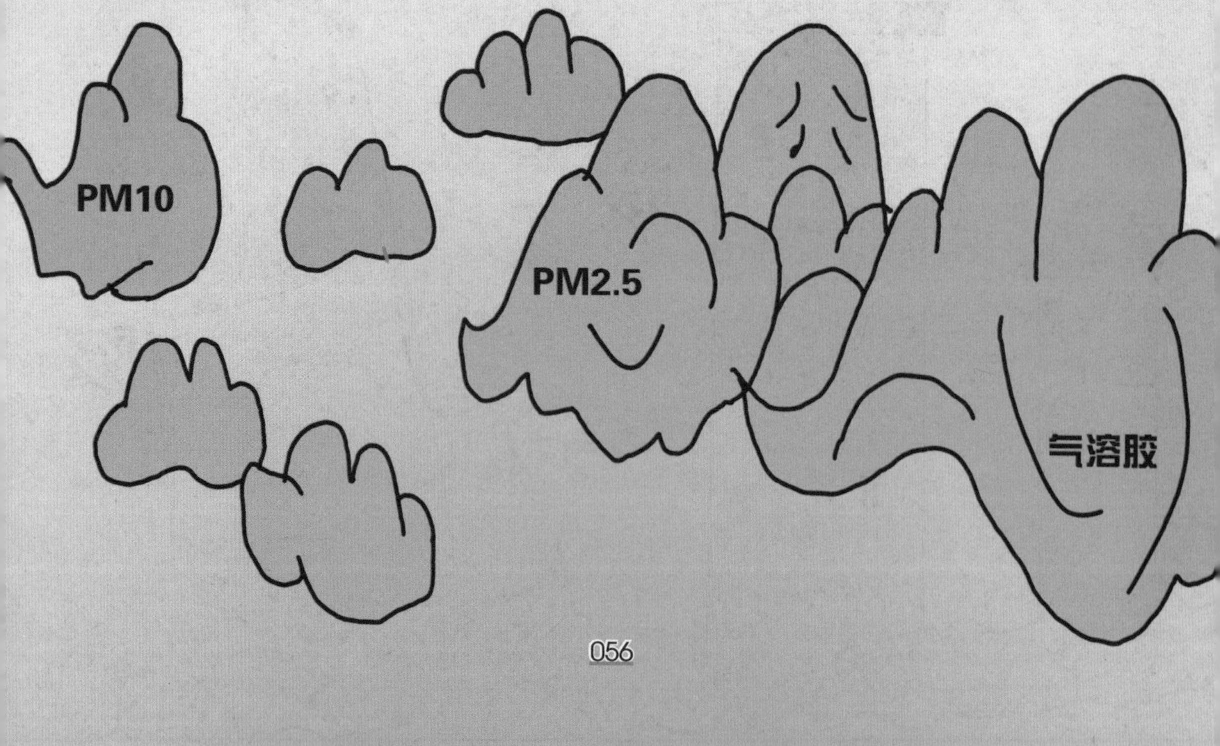

所差异的。而目前我国的雾霾预报主要侧重点在于能见度，而空气质量预报主要是指对大气中悬浮颗粒物（PM10、PM2.5、TSP等）的浓度进行监测计算。根据最新的中华人民共和国气象行业标准（QX/T113～2010）规定，能见度小于10千米，排除降水、沙尘暴、扬沙、浮尘、烟幕、吹雪、雪暴等天气现象造成的视程障碍，相对湿度小于80%判识为霾；相对湿度80%～90%时，按照地面气象观测规范规定的描述或大气成分指标进一步判识。

3.为什么说准确预报雾霾是世界性难题

中国气象局在对霾天气预警的要求中提出，要尽可能提前发布，争取更大的时间的提前量。这就对雾霾的预报提出了很高的要求，雾霾虽然可以预报，但是其预报的难度较大，提高预报的准确率更是世界性的难题。

其原因主要在于，雾霾主要出现在大气下层近地表，下垫面的环境条件异常复杂，影响因素众多，这无疑加大了预报的难度。在得到基本气象要素、大气成分数据和模式运行结果后，预报员会考虑高空环流型变化、低层环流及温度场、冷空气活动、地面气压场变化等。雾、霾数值预报系统很好地耦合了气溶胶模式和大气模式，对于气压、风速、空气湿度等实验观测数据进行运算，而辐射、季风、气候模式等因素也将被考虑进去。在霾的预报中，对于水汽凝结的临界点很难把握，因为临界点的变化常常是在误差范围以内的。

与普通的天气预报相比，空气污染气象条件预报除了需要天气要素数据外，大气成分数据也很重要，而污染源数据并不容易获得。这是因为空气污染气象条件预报对近地层气象数据的精度要求较高，而近地表大气层受到地面粗糙度、植被及城市热岛效应等因素的影响，使得雾霾预报模型相对偏差较大。基本的气象要素以及大气成分监测数据是雾霾预报的基础，而目前我国对于雾霾的监测数据及经验还有不足之处，加之气溶胶的化学组成非常复杂，粒径分布不同，导致模型的建立比较困难，而且对计算机的运算和储存能力有相当高的要求，这些因素无疑都增加了雾霾预报的难度。

污染物排放和基本的气象要素是雾霾形成的两个前提条件，对于气象要素的取得主要依靠气象部门的专业准确的监测；而在排放源和污染的监测方面，环保部门有更多的关键数据的积累。双方合作的加强，有利于促进对雾霾的监测和预报难题的解决。

目前，我国中央气象台雾霾预报团队组建仅有三年，经验和技术条件均有所欠缺。雾霾预报团队主要负责历史监测统计、雾霾形成机理等方面的研究；进行相关产品和技术研发，采用由中国气象科学研究院牵头研发的雾霾数值预报系统，预报中需考虑污染物的影响因素；同时非常重视对雾霾天气及预报过程的总结。目前我国雾霾预测中存在的主要问题是有技术和经验的霾预报专业人才匮乏，因此，最需要预报工具和系统的提升，以及加强预报员素质的建设。

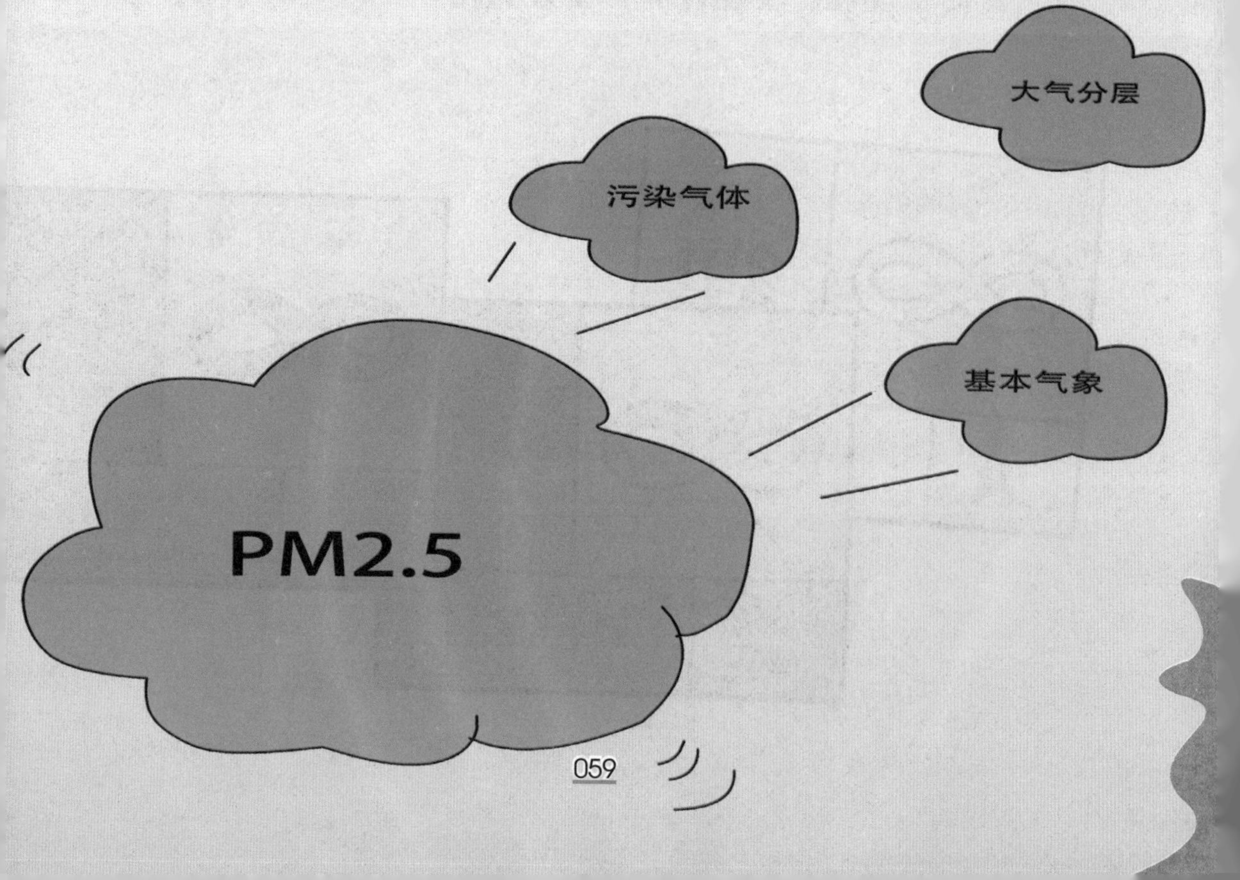

4.你知道雾霾的预警信号吗

气象灾害预警信号（以下简称预警信号），是指各级气象主管机构所属的气象台站向社会公众发布的预警信息。预警信号由名称、图标、标准和防御指南组成，分为台风、暴雨、暴雪、寒潮、大风、沙尘暴、高温、干旱、雷电、冰雹、霜冻、大雾、霾、道路结冰等。预警信号是按照突发事件发生的紧急程度、发展势态和可能造成的危害程度一般分为一级、二级、三级、四级，分别用红色、橙色、黄色、蓝色标示，一级为最高级别。

随着空气质量的日益严重，2013年国家也发布了雾霾预警信号，中国气象局根据重污染天气的严重程度，将霾预警信号分为三级，以黄色、橙色和红色表示，分别对应预报等级用语的中度霾、重度霾和严重霾。

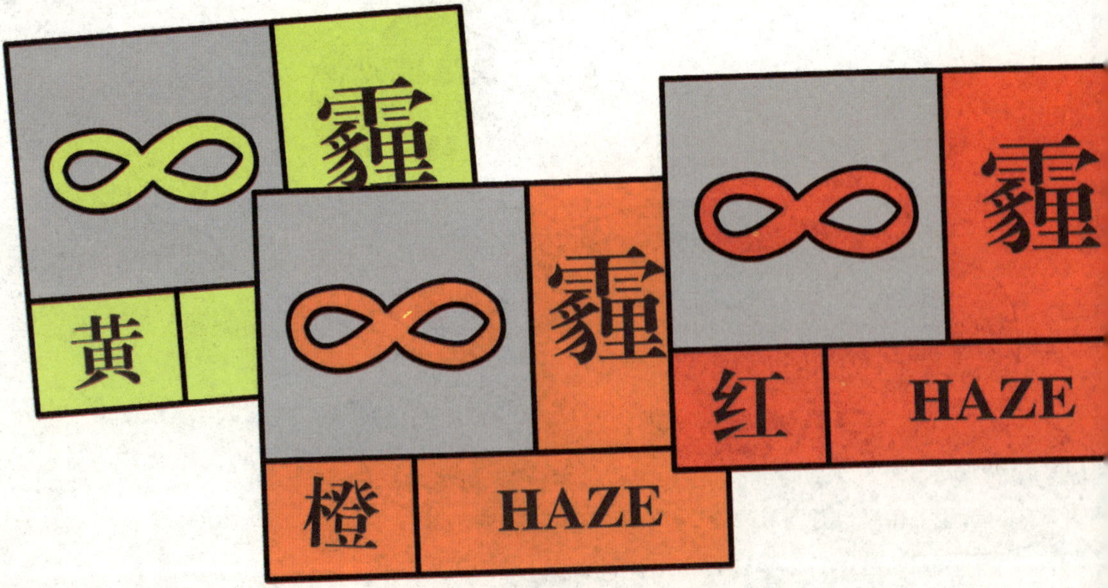

2013年1月28日，我国中东部地区出现了大范围的雾霾天气，导致空气质量持续下降。中央气象台在蓝色大雾预警之外，也同时发布了霾黄色预警信号，这是我国首次发布单独的霾预警。

下面我们了解一下三种霾预警信号是如何界定的。

霾黄色预警信号

标准：预计在24小时内可能出现下列条件之一或实况已达到下列条件之一并可能持续：

（1）能见度小于3 000米且相对湿度小于等于80%；

（2）能见度小于2 000米且相对湿度大于80%，PM2.5大于等于75微克/立方米且小于150微克/立方米；

（3）PM2.5大于等于150微克/立方米且小于500微克/立方米。

防御指南：

（1）驾驶人员小心驾驶；

（2）因空气质量明显降低，人员需适当防护；

（3）呼吸道疾病患者尽量减少外出，外出时可带上口罩。

霾橙色预警信号

标准：预计在24小时内可能出现以下条件之一或实况已达到下列条件之一并可能持续：

（1）能见度小于2 000米且相对湿度小于等于80%；

（2）能见度小于1 000米且相对湿度大于80%，PM2.5大于等于150微克/立方米且小于500微克/立方米；

（3）PM2.5大于等于500微克/立方米且小于700微克/立方米。

防御指南：

（1）机场、高速公路、轮渡码头等单位加强交通管理，保障安全；

（2）驾驶人员谨慎驾驶；

（3）空气质量差，人员需适当防护；

（4）人员减少户外活动，呼吸道疾病患者尽量避免外出，外出时可戴上口罩。

霾红色预警信号

标准：预计在24小时内可能出现下面条件之一或实况已达到下列条件之一并可能持续：

（1）能见度小于1 000米且相对湿度小于等于80%；

（2）能见度小于1 000米且相对湿度大于80%，PM2.5大于等于500微克/立方米且小于700微克/立方米；

（3）PM2.5大于等于700微克/立方米。

防御指南：

（1）政府及相关部门按照职责采取相应措施，控制污染物排放；

（2）空气质量很差，人员需加强防护；

（3）一般人群避免户外活动，儿童、老人及易感人群应当留在室内；

（4）机场、高速公路、轮渡码头等单位加强交通管理，保障安全；

（5）驾驶人员谨慎驾驶。

第六章 雾霾的治理

要想根治雾霾并非短期之功，雾霾治理是一场持久战，需要政府下很大的决心和力度方可有所成效。那雾霾要如何治理呢？首先，雾霾的治理当然不是用消防车洒洒水这么简单，它需要我们清楚雾霾的形成原因，针对其成因采取针对性的措施。

1.提高能源的高效利用对遏制雾霾有何意义

根据我国的能源结构，我国现在使用最多的是煤炭、石油等化石燃料，化石燃料是我国现在以及未来很长一段时间内的主要能源，在短期内很难找到其他资源来代替，因此要从根本上解决雾霾天气造成的困扰，首先必须搞好化石燃料的高效清洁利用。

根据我国雾霾发生的季节特点，雾霾天气多出现于冬季，而这与燃煤采暖脱不开关系。尽管燃煤采暖是高空排放，但是冬季采暖锅炉排放的污染物颗粒由于天气原因很快就会冷凝沉降，为雾霾的形成提供了物质基础。加之燃煤取暖一般都是遵循城市就近布点的原则，以及我国冬季少风的天气特点，燃煤锅炉产生的污染物排出后很快就会在城市上空扩散，最终加速雾霾天气的形成。

由于冬季的气候特点使得空气的蒸腾自净能力很差，雾霾一旦形成很难消失。这种雾霾在季风环流的影响下向南方

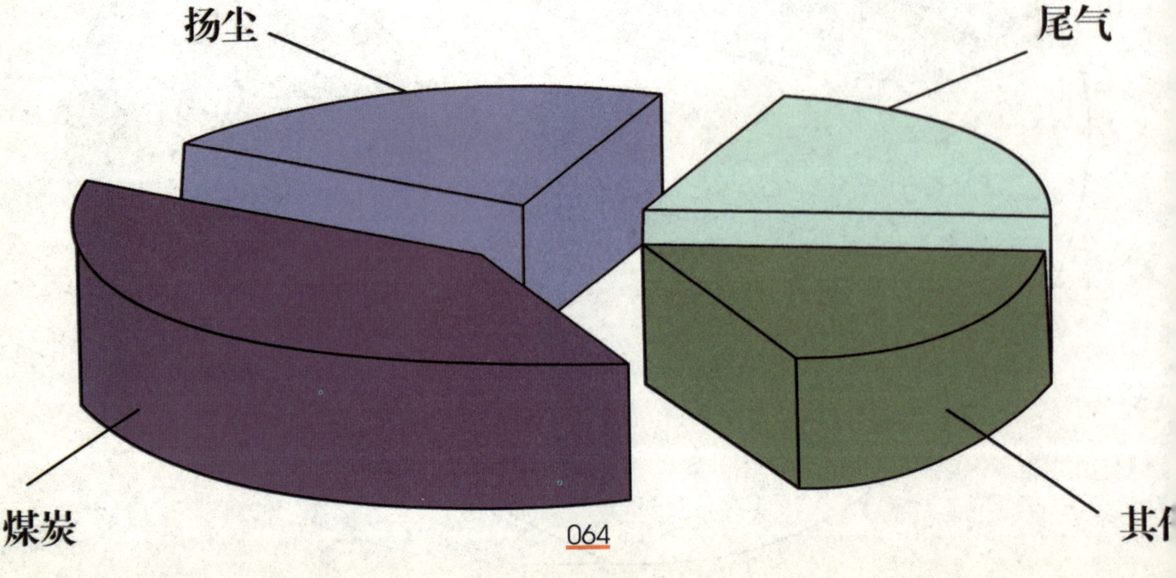

运动，又会给南方地区造成雾霾灾害。因此，政府应该加强管理力度，保证燃煤锅炉必须按照国家规定排放污染物，这样方能有效减少雾霾的发生。

同时加强对现有燃煤锅炉的除尘、脱硫设施的管理，对于使用不符合环保相关产业政策规定的淘汰型号或经监测不能稳定达到国家排放标准的设施单位，要统一实施，限期治理；符合国家规定标准的也要加强监管，建立除尘、脱硫设施详细的维护保养规程、运行标准等规章制度，保证除尘、脱硫设施正常运行，不得无故开启烟道旁路运行和无故关停脱硫设施。如遇到需大修、改造、更新脱硫设施的情况，必须提前向当地环保部门提出申请，在获得批准后方可执行。对未经批准擅自停运脱硫和除尘设施的企业，要依法予以处罚警告。

2.开发新能源能有效减少污染物吗

除了化石燃料外，我国利用较多的清洁能源有水能、太阳能以及风能，其技术已经发展得较为成熟，因此政府应该大力支持这些能源的使用，采取政策，在更多的高等院校建立重点实验室，培养更多的专业人才来更好地开发利用这些能源，同时大力推广提倡清洁能源的使用。对于这一点我们也可以借鉴一些发达国家能源转换成功的案例。

在美国、英国等先行工业化国家早期也是煤炭占主体地位，到20世纪伊始才大力发展石油、天然气发电以及水电与核电，以此来降低煤炭在能源消费中的比例。而随着20世纪70年代的世界石油危机，20世纪90年代以来逐渐显现的全球气候变暖问题的出现，以及化石燃料资源的日趋枯竭，加快能源结构转换的步伐已经是刻不容缓的事情了。因此，凭借可再生和清洁两大优势的可再生能源于20世纪后期兴起了，并开始逐步取代化石燃料在能源消费中的地位，这些新兴的能源主要有核能、生物质能、太阳能等。

核能

核能的主要利用方式是核能发电，利用核反应堆中核裂变所释放出的热能进行发电的方式。核能发电的主要优点是不会排放大量的污染物质进入大气，加之核燃料能量密度比化石燃料高几百万倍，因此，核能电厂所使用的燃料体积小，运输与储存都很方便。

以法国为例，法国是一个能源匮乏的国家，缺少石油，缺少天然气，还缺煤炭；1980年，法国25%的电量来源于煤炭，25%的电量来源于天然气，40%的电量来源于石油和核能，其余的电量来源于水电等能源。但在2000年，核能已经发展成法国的主要能源，生产几乎75%的电量，2003年核电发电量占全国发电量的85%，其他的来源已不再重要，成功实现了能源结构的转换。但是，值得注意的是，虽然法国利用核能代替化石燃料，实现了国家的环保，但是核安全问题一定不能忽视。

生物质能

在新兴的可再生能源中，发展最迅速的是生物质能。生物质能源的主要原料是农作物的秸秆、畜禽粪便、林业剩余物、城市的污水污泥、城市固体废物等有机物质。生物质能

的利用主要有直接燃烧、热化学转换和生物化学转换等三种途径。

在我国生物质利用的主要方式是直接燃烧，该方式在现在以及未来很长一段时间内占有很重要的地位。而直接燃烧的生物质利用方式目前还存在一定缺陷，主要就是热效率太低的问题，传统烧柴灶的热效率仅为10%左右。因此，现今我们的重点任务是提高烧柴炉的效率，目前国家推广力度较大的是热效率可达20%～30%的节柴灶，这种技术简单，节能效果明显。

第二种是生物质的热化学转换，它是指在一定的温度和条件下，使生物质气化、炭化、热解和催化液化，以生产气态燃料、液态燃料和化学物质的技术。生物质气化技术是将固体生物质置于气化炉内加热，同时通入空气、氧气或水蒸气来产生品位较高的可燃气体。生物质气化生成的可燃气经过处理可用于合成、取暖、发电等不同用途，该方法的优点是其气化率可达70%以上，热效率也可达85%，不仅提高了

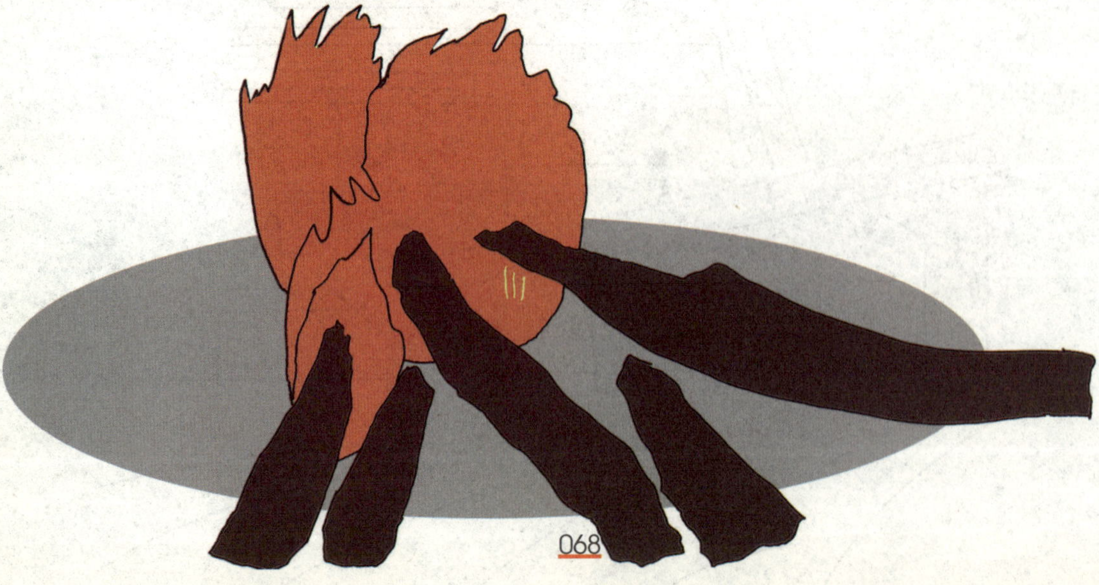

能源的效率，节约能源，而且对于生物质原料丰富的偏远山区意义十分重大，可以在很大程度上改变他们的生活质量。生物质还可以通过催化液化的方式被高效地利用，这种由生物质加工制成的液体燃料叫作生物燃料。生物燃料主要包括生物乙醇、生物丁醇、生物柴油、生物甲醇等。虽然将生物质制成液体燃料的技术很早就出现了，但受到世界石油资源、价格、环保和全球气候变化的影响，其发展比较缓慢。直到20世纪70年代以来，随着化石燃料的日趋减少，许多国家日益重视生物燃料的发展，并取得了显著的成效。

第三种是生物质的生物化学转换，包括有生物质—沼气转换和生物质—乙醇转换等。沼气转化是有机物质在厌氧环境中，通过微生物发酵产生一种以甲烷为主要成分的可燃性混合气体即沼气。沼气是各种有机物质在隔绝空气（还原）并且在适宜的温度、湿度条件下，经过微生物的发酵作用产生的一种可燃烧气体。沼气的主要成分甲烷类似于天然气，是一种理想的气体燃料，它无色无味，与适量空气混合后即可燃烧。生物质—乙醇转换是指生物质中的糖质、淀粉和纤维素等原料在一定的环境条件下经发酵后可以制成乙醇。

以美国为例，2005年美国能源部提交国会的一份报告显示：在美国生物质能源已经开始在能源结构中做出重要的贡献，2003年生物质提供了1.0×10^8吨标煤能量，占美国能源消费总量的3%。瑞典的生物质能利用同样占能源结构中很大的比重，2003年，瑞典生物质能的工业用途达1.23×10^{11}千瓦时，分别是天然气和煤炭的12.3倍和4.5倍；生物质供热发电1.23×10^{11}千瓦时，占全国供热能源消费总量的71.6%。

太阳能

太阳能一般是指太阳光的辐射能量，在现代一般用作发电或者为热水器提供能源。太阳能的主要优点是具有普遍性、无害性、长久性。

普遍性是指太阳光普照大地，没有地域的限制，无论陆地或是海洋，高山或是盆地，都会有阳光的照射，它可以直接开发和利用，且无须开采和运输；无害性是指太阳能在开发利用中不会对环境造成污染，是最清洁能源之一；长久性是说根据太阳产生的核能速率估算，太阳中氢的贮量足够维持上百亿年，而据估算地球的寿命约为几十亿年，因此对比来说，太阳的能量是取之不尽、用之不竭的。

但是，太阳能的利用同时受到多种因素的限制。首先，虽然到达地球表面的太阳辐射的总量很大，但是能流的密度很低；而在地球的不同位置，太阳能的获得量也不同，同样昼夜、季节、地理纬度和海拔高度等自然条件的限制以及晴、阴、云、雨等气象条件因素的影响，也会对地球表面太阳能的获得量产生不同的影响；最后，虽然太阳能利用在理论上是可行的，技术上也比较成熟，但利用效率一般较低且成本较高。因此，总体来说，其经济性和竞争力还不能与传统的能源相竞争。故在未来很长一段时间内，太阳能的发展要受到经济性和日辐射度等资源条件的制约。

例如，澳大利亚也在加快能源结构转换的步伐，现在澳大利亚已经有超过50多万户在屋顶安装了太阳能面板，这在很大程度上降低了人们对传统电力的需求量。根据UBS的分析报告获悉，在过去的4年时间里，澳大利亚对电力的需求量下降了13%；同时澳大利亚政府预计在未来10年内，75%的澳大利亚家庭住宅及90%的商业建筑都将在屋顶部署太阳能面板。

在我国的能源生产结构中，煤炭以70%～80%的比重远远高于其他国家，从能源的结构与产业消耗来看，2011年我国能源消耗总量为34.8亿吨标准煤，其中70%是工业部门消耗的，为24.36亿吨，排放的二氧化碳总量为61.9亿吨。其中，冶金、建材、火力发电、石油炼化、化工、重型装备制造等六大行业消耗的能源又占工业总能耗的79%。所以工业废气排放是形成雾霾的主要源头。

因此，我国应该加快制定清洁能源发展战略，制定政策鼓励和支持企业及个人使用清洁能源。相信在政府的大力扶持下，清洁能源的推广和使用，就可以有效缓解城市冬季雾霾天气造成的空气污染和对健康造成的危害。

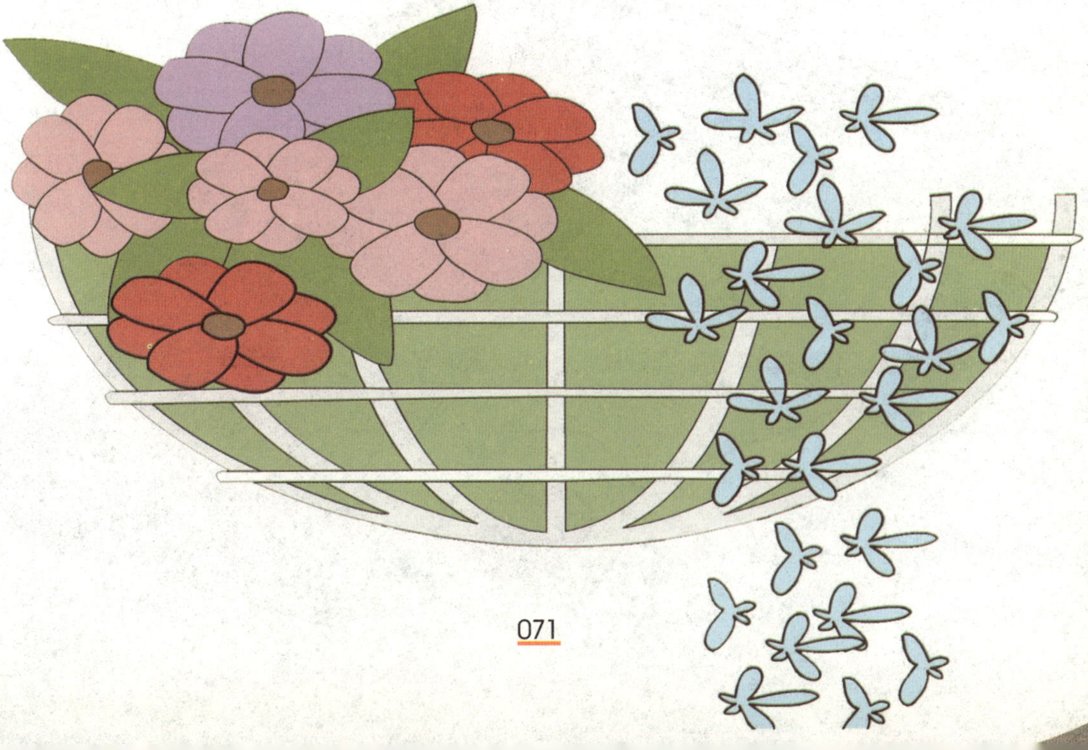

3.如何减少汽车尾气排放

具体来说，减少汽车尾气排放可以从以下几方面入手。

提高汽车排放标准

随着社会经济的发展，人民的生活水平不断提高，我们国家的机动车辆日益增多。但是机动车的管理机制一直有所欠缺，由于提高标准会造成汽车制造商成本的增加，因此，机动车尾气的排放标准一直较低。

针对这一点，国家应该加大管理力度，对未达到国家机动车的排放标准的车辆不得生产、销售，以便减少那些不达标车辆的行驶；对于使用年份较高、汽车尾气排放量较大的旧车，要安装过滤器，或者及时淘汰，以便减少汽车尾气的排放量。

同时，对机动车辆实行限行制度，降低公交、地铁的价格，鼓励更多的人群选择地铁、公交等低碳的出行方式，同时完善交通系统，健全交通网络，使大家不使用私家车就可以方便出行，降低私家车的使用频率。

发展新型零污染动力车辆

减少汽车尾气造成的空气污染的另一项重要措施就是大力发展电动车。国家应该尽快在发展较好的城市出台政策，实施公交车和出租车电动化，国家要创新发展新型零污染动力车辆。

目前，一种正确的发展方向是空气混合动力轿车，这种车辆比纯电动车适应性强，且更具发展前景和竞争力。对于清洁零污染的动力车辆，国家可以推行一定的支持政策，使其更具竞争力。例如，对于电动轿车采取不限购、不限行、不征税的鼓励政策，电动车配套服务产业也应当加紧制定扶持政策。

治理交通拥堵

治理汽车拥堵是减少汽车尾气排放的一项重要措施。以北京为例，据有关部门调查统计，2004年以来，北京的汽车数量迅速增长是导致北京空气质量下降的重要原因，而交通拥堵造成的车辆通行不畅又增加了汽车尾气的排放量，导致了大气中污染物的含量大幅上升。

为了缓和这一问题，北京市采取了限购限行的措施，但这只是治标不治本的方案。要想解决北京的交通拥堵问题，关键在于控制北京人口的扩张。北京人口扩张问题有一定的根源，而人口规模也遵循客观规律。控制人口扩张最主要的办法是产业选择要符合北京这一首都城市的定位，不可单纯地为了追求GDP总量的排名而盲目地扩张产业。加强产业的扩散政策，对于部分没有必要一定要设在北京的工厂企业，要及时搬离，这样不但能减轻北京的人口压力，同时有利于周边其他地区的快速均衡发展。同理，北京高校众多，导致学生这一外来群体在北京大量聚集，也给北京带来了巨大的人口压力，因此，北京没有必要集中太多的高校。

与此同时，我们还须改变企业和事业单位空间布局过于趋向于权力集中地方这一现状。随着通信条件的发展，企、事业单位的布局可以相对分散开来。再有，城市的布局规划对于交通问题同样有很大的影响，城市规划和建设应摒弃小农经济和地主庄园式的城市布局理念。现今，北京的建筑格局是楼群与楼群之间不留开放空间和循环车道，每个单位或小区就像一座封闭的庄园，汽车只能在主干道上行驶，这无疑加重了主干道的汽车行驶压力。因此，政府还应采取措施在城市改造的过程中打通建筑群之间的循环通道，减轻主干道的压力，实现城市中的微循环。

4.工厂为什么要遵循清洁生产的原则

治理雾霾的过程中，很重要的一点就是加强对一些高能耗、高污染企业的监管力度，出台更严格的环境检测指标。同时，政府应提供资金，鼓励工厂使用更环保的设备，或者安装排气净化器，从而降低排放。

工厂和企业在生产过程中必须遵循清洁生产的原则。清洁生产就是指将综合预防的环境保护策略持续应用于生产过程和产品中，以期减少对人类和环境的风险。清洁生产从本质上来说，就是对生产过程与产品采取整体预防的环境策略，减少或者消除它们对人类及环境的可能危害，同时充分满足人类需要，使社会经济效益最大化的一种生产模式。具体措施包括：不断改进设计；使用清洁的能源和原料；采用先进的工艺技术与设备；改善管理；综合利用；从源头削减污染，提高资源利用效率；减少或者避免生产、服务和产品使用过程中污染物的产生和排放。清洁生产是降低污染水平、提高环境质量、实现可持续发展的重要手段。

清洁生产的观念主要强调三个重点：一是清洁的能源，这包括开发节能技术，尽可能开发利用新兴清洁能源或可再生能源以及清洁合理地利用传统能源；二是清洁的生产过程，这要求尽可能地不用或是少用有毒有害的原料，以及避免或减少生产过程中有毒有害的中间产品的产生，对原材料和中间产品进行回收处理，变更管理模式，提高资源能源的利用率；三是清洁的产品，包括以不危害人体健康和生态环境为主导因素来考虑产品的制造过程甚至使用之后的回收利用，减少原材料和能源使用。

对于新增的工厂或企业，必须经过国家的审核，要求必须遵循"三同时"制度。"三同时"制度是中国环境管理的一项基本制度。违反这一制度时，根据不同情况，要承担相应的法律责任。

根据我国《环境保护法》第26条规定："建设项目中防治污染的设施，必须与主体工程同时设计、同时施工、同时投产使用。防治污染的设施必须经原审批环境影响报告书的环保部门验收合格后，该建设项目方可投入生产或者使用。" 具体说就是，凡是通过环境影响评价确认可以开发建设的项目，建设时必须按照"三同时"规定，把环境保护措施落到实处，防止建设项目建成投产使用后产生新的环境问题，在项目建设过程中也要防止环境污染和生态破坏。建设项目的设计、施工、竣工验收等主要环节落实环境保护措施，关键是保证环境保护的投资、设备、材料等与主体工程同时安排，使环境保护要求在基本建设程序的各个阶段得到落实，"三同时"制度分别明确了建设单位、主管部门和环境保护部门的职责，有利于具体管理和监督执法。

5.怎样解决扬尘污染的问题

除了工业粉尘污染、化石燃料燃烧产生的烟尘污染以及汽车尾气外，城市大规模市政和建筑施工造成的扬尘污染也是雾霾形成的主要原因之一。据有关部门调查，北方城市中扬尘占总悬浮颗粒物比例达到20%左右，非采暖期更是高达60%以上。因此，加强对建筑施工过程中扬尘污染的治理已经是刻不容缓的事情了。

既然防治扬尘如此重要，那么下面我们介绍扬尘的产生原因以及具体防治措施。

扬尘的主要来源

建筑施工扬尘是扬尘污染的主要来源。首先，部分工地在施工过程中，由于管理的缺失导致环保措施跟不上，建筑材料如沙、土、石料等随意堆放，没有任何封闭管理措施，也没有任何防止尘土飞扬的洒水等措施，一旦起风，沙土飞扬，导致大气中悬浮颗粒物的浓度明显增加。与此同时，施工现场的道路以及车辆管理同样具有重要的意义。如果不及时清理道路或是出入车辆的清洗不规范，都会造成扬尘污染的进一步加剧。另外，由于防尘方案的缺失，施工的不规范，以及建筑原材料的随意堆放等因素，为空气中的悬浮颗粒物提供了大量的物源，如果遇到不良的气象条件，很容易加重二次扬尘污染。

解决扬尘污染的对策

城市扬尘污染问题已愈来愈严重，已经威胁到了人民群众的身体健康，且有日益加重的趋势。因此，加强扬尘污染治理已经是一项刻不容缓的工作。根据《中华人民共和国大气污染防治法》及实施细则的要求，为有效控制扬尘污染，我们应从以下几个方面着手。

（1）明确各部门的具体职责。要想有效地控制扬尘的污染，需要建立完善的管理体系，成立由建委、环保局、城管局、城管执法局等多个部门组成的管理执法组，健全扬尘污染防治联合执法检查机制。首先，对各个部门的具体职能进行明确的规定，清楚各职能部门的工作责任和完成时限；其次，加强各部门之间的协调合作，形成分工合作、共同把关、齐抓共管的工作格局；最后，要建立健全防治扬尘污染的长效监管机制，进一步制定符合当地实际的扬尘污染防治管理办法和编制扬尘污染治理规划，共同商讨解决扬尘管理中遇到的一系列问题。

（2）加大管理力度。明确职责之后，我们的工作重点要放在管理之中，各部门之间要开展联合执法行动，加强监管，进行现场监察，重点整治，形成环境执法高压态势。对重大、典型的环境违法施工单位，要采取法律惩治、媒体曝光等多重手段，严格打击此类违法行为，从而威慑各施工单位加强环境保护工作的进行。对于有关部门或人员不履行、违法履行或者不当履行监管职责的行为，要严肃追究其法律责任。同时，要发动群众，搞好监督，拓宽监督举报渠道，设立监督电话、意见箱、电子邮箱、网址等，还可以建立有奖举报制度，并实施一定数额的奖励，以提高群众监管的积极性。

（3）适时征收扬尘排污费。为了减缓扬尘造成的城市大气中总悬浮颗粒物浓度居高不下的问题，《中华人民共和国大气污染防治法》规定，在城市市区进行建设施工或者从事其他产生扬尘污染的活动的单位，必须按照当地环境保护的规定，采取防治扬尘污染的措施。违反该条规定的，即任何单位在城市市区进行建设施工或者从事其他产生扬尘污染的活动，且未采取有效扬尘防治措施，致使大气环境受到污

染的，由行政执法机关以行政决定的方式责令违法的单位在一定期限内改正其污染大气环境的行为，采取有效地防治扬尘的措施；除采取以上行政强制措施外，还对行为人处2万元以下的罚款。对于在规定的期限内仍然没有达到当地环境保护规定要求的单位，行政执法机关可以责令该单位停工进行整顿，待整顿符合规定要求后，才可以恢复施工。

在《中华人民共和国大气污染防治法》中将防治施工扬尘污染的责任赋予城市人民政府和产生扬尘污染活动的单位。城市人民政府的主要责任在于监管，工作重点是采取加强对建设施工单位的管理、扩大地面铺装的面积、控制渣土堆放和清洁运输等措施，提高城市的绿地面积，减少城市裸露地面，防治城市扬尘污染；城市市区进行建设施工或者从事其他产生扬尘污染活动的单位的责任在于必须按照法律规定，采取防治扬尘污染的措施。此外大气污染防治法还规定，国务院有关行政主管部门应当将城市扬尘污染的控制状况作为城市环境综合整治考核的依据之一。

从另一个角度来说，虽然国家法律对于扬尘污染的处罚做出了明确的规定，但是造成扬尘污染的，最高处以2万元罚款，这与落实防尘措施的费用相比较，守法成本远远大于违法成本，这是造成不少施工单位宁可缴纳罚款也不愿意采取降尘措施的重要因素。因此，我们建议由物价、财政、环保等相关部门联合制定城市施工工地扬尘排污费征收办法，对于不遵守国家法律规定、没有采取防尘措施或防尘措施不符合国家规定的标准的建筑工地，按照工地及作业性质的不同，分别按施工面积征收扬尘排污费。这样的做法符合“谁污染谁买单，谁受益谁补偿”的公平原则，同时也能对排污单位产生震慑，最大限度地减少扬尘污染，达到有效控制扬尘排放的目的。

（4）提高扬尘的研究水平。为了进一步增强扬尘污染的防治技术，还要提高科研水平和精细化管理程度。目前来说，我国对于扬尘研究的水平与国外技术先进的国家来说还比较落后，也没有形成比较系统的研究体系。用于计算和评估扬尘排放、扩散的数学模型和扬尘在线监测均来源于美国等技术先进的国家，而大多数的模型技术被引进后并没有进

行系统的本地化校核，因此，可能并不适用于我国的实际情况。从而在扬尘管理上，仍主要依靠监管人员现场的定性化观察检查。因此，我们有必要对引进模型的机理进行深入的研究探讨，找出适合我国国情的一套技术设备。

（5）加强宣传教育和舆论监督，提高全民防尘意识。环境保护不仅要靠各级政府的监管，同时更需要企业及施工单位的自觉遵守。因此，加大对扬尘防治责任单位的宣传力度，定期对有关企业负责人进行环境保护的宣传教育工作，使其深刻认识到控制扬尘污染的重要意义，引导其积极主动落实扬尘污染防治的各项措施，使得企业能够自然、自觉地采取有效的控制技术和执行现行的法律。

欲减少或消除雾霾天气，从根本上来说，就是要大幅减少主要大气污染物的排放。冰冻三尺，非一日之寒，中国现今的污染物排放量基数巨大，要减排也绝非一朝一夕之功，片面的减排措施很难奏效，必须在国家层面上采用全面的、强有力的综合措施，方可有所成效。

第七章 国外治理雾霾的经验

中国雾霾天气的发生并不是个例，比如，英国在工业化、城市化进程同样发生过严重的空气污染事件，而现今已经摆脱了雾霾天气的困扰，我们可以以此为借鉴，来研究我国雾霾天气的治理。

1.英国是如何治理雾霾的

1952年12月5日至10日，伦敦发生了“伦敦烟雾事件”，导致多人死亡，关于这一点我们会在后文中具体介绍。伦敦烟雾事件发生之后，伦敦政府痛心疾首，开始重点治理雾霾，并取得了可观的成效。英国雾霾的治理过程可以分成以下四个步骤。

准备过程

“伦敦烟雾事件”给了英国政府和人民深刻的教训。1953年,英国政府成立了由比佛爵士领导的比佛委员会(the

Beaver Committee)，负责调查烟雾事件的成因并制定应对治理方案和措施。

1956年，在比佛委员会的推动下，英国政府出台了专门针对空气污染的《清洁空气法》。该法案中规定严格禁止黑烟排放，提出增加烟囱高度、建立无烟区等措施来减少固定源的排放量，同时，加大力度控制机动车的数量以控制移动源的增加，并且英国政府还在调整能源结构等方面做出了很多努力。

与此同时，英国政府还成立了清洁空气委员会(Clean Air Council)，其主要职责在于监督空气污染的改善情况，并从对空气污染治理有经验、有学识或有责任的人那里获取空气污染治理建议。具体的管理措施包括由地方政府负责划定烟尘控制区，改造家用壁炉，更换燃料，禁止黑烟排放；设立奖惩机制，对控制区内进行壁炉改造的合理费用，由地方政府补贴至少70%，而对违反条例的人员则依情节处以10～100英镑罚款或最高3个月的监禁。

1960年，伦敦大气中二氧化硫（SO_2）的浓度下降了20.9%，黑烟浓度下降43.6%，烟雾治理初步取得了成效。

重点整治阶段

在1960～1980年，是英国政府对烟雾治理的重点整治阶段。

1968年，英国政府对《清洁空气法》进行了修订和扩充，扩大了负责控制大气污染的住房和地方政府部部长的权限，主要包括出台新的锅炉颗粒物和烟尘排放限值的权力，以及可以强制要求地方政府设立新的烟尘控制区的权力。

1974年，英国政府颁布了《污染控制法》(Control of Pollution Act)，该法案对机动车燃料的组成以及油品(用于机动车或壁炉)中硫的含量进行了规定和限制。

在伦敦烟雾治理的过程中，最重要的一项措施就是大幅扩大了烟尘控制区的范围。截止到1976年，伦敦地区烟尘控制区的覆盖率已达到90%。

在1960～1980年的这段时期，伦敦大气质量发展态势良好，大气中SO_2和黑烟的浓度大幅下降，降幅超过80%，并在后期逐渐趋于稳定。到1975年，伦敦的雾霾天数已经从1960年的每年几十天减少到15天，1980年更是降到每年5天，整个伦敦的空气质量有了明显的改善。

巩固发展阶段

从1980到2000年的这一时段，伦敦大气污染治理进行到了巩固发展的阶段，大气控制与治理的重点已从控制燃煤等固定源的排放开始逐步转向机动车污染等移动源的控制。

该阶段政府陆续出台或修订了一系列法案，包括《汽车燃料法》（1981年）、《空气质量标准》（1989年）、《环境保护法》（1990年）、《道路车辆监管法》（1991年）、《清洁空气法》（1993年）、《环境法》（1995年）、《国家空气质量战略》（1997年）、《大伦敦政府法》（1999年）、《污染预防和控制法》（1999年）。这不仅进一步完善了伦敦大气污染治理的法律法规，同时也巩固了前一阶段的治理成果，使得伦敦的空气质量一直保持良好的发展态势。

低碳发展阶段

从2001年起，伦敦大气污染的治理工作进入到了低碳发展的阶段。此时伦敦的空气质量与20世纪50年代相比，已经发生了翻天覆地的变化，空气中SO_2和黑烟的浓度分别下降了84.2%和47.4%，都不再是伦敦的主要大气污染物。

2002年，伦敦市长经过广泛咨询后发布了伦敦的空气质量战略，其中详细说明了伦敦要如何达到国家空气质量目标。

2003年，《英国能源白皮书——我们能源的未来：创建低碳经济》中首次正式提出低碳经济概念，提出将于2050年建成低碳社会。此后，伦敦的空气质量战略在2006、2010年进行了两次修订。

目前，伦敦空气质量控制的重点是机动车污染控制，而主要污染物由SO_2转化为NO_2和PM10。有关部门调查显示，如今伦敦的低层空气中93％的烟污染已经得到了有效的控制，酸雨的危害已基本消除。今天的伦敦，已成为一座“绿色花园城市”，并荣登吸引全球游客最多的城市之榜首。

2.美国有哪些雾霾治理的经验

从20世纪初开始，美国的工业城市洛杉矶就饱受大气污染的困扰，1943年美国洛杉矶发生了举世闻名的“洛杉矶烟雾事件”。在此之后的1952年和1955年，洛杉矶又先后发生了两次严重的“光化学烟雾事件”，每次都造成数百名65岁以上老人因呼吸系统衰竭而死亡。此后，洛杉矶政府开始反思经济发展的模式问题，政府和市民决心采取措施治理雾霾，治理过程中一系列经验可以为我国的雾霾治理提供借鉴。

洛杉矶与雾霾的斗争经历了漫长曲折的过程。1946年为了减缓雾霾，洛杉矶市成立了全美第一个地方空气质量管理部门——烟雾控制局，并建立了全美第一个工业污染气体排放标准和许可证制度。随后，市区的一批工厂被迫关闭或迁往其他城市，但空气污染状况并没有显著的改善，人们开始

思考如何进一步治理雾霾污染。之后，洛杉矶空气污染控制区成立，成为全美首个负责空气污染控制的管区，给所有的工业都设置了空气污染准入制度，这是美国第一个和大气污染防治有关的区域管理项目。

随着美国加利福尼亚州对汽车废气的排放标准以及车辆排气设备规定的产生，福特汽车公司等汽车制造商开始对规定进行极力地抵制，而限制汽油中的烯烃最高含量并提倡开发天然气等新型燃料更是引发了石油大亨们的怒火。因此，政府和人民开始意识到，单方面的规定是不能奏效的，单一地区的环境保护行为是无法收到很高成效的。面对跨国产业巨头的横加阻拦，必须寻求联邦层面的立法才能有所成效。之后10年的时间中，加利福尼亚州政府一直为解决空气污染问题做着不懈的努力，在加利福尼亚州南部橙县、河滨县和圣伯纳蒂诺县也先后成立了空气污染控制区。

1967年，加利福尼亚州空气资源委员会（ARB）成立，其责任主要包括保持良好的空气质量、防止公众接触空气中的污染源、为遵守空气污染的规则和条例提供创新性方法等。加利福尼亚州空气资源委员会制定了全美第一个总悬浮颗粒物、光化学氧化剂、二氧化硫、二氧化氮和其他污染物的空气质量标准。

20世纪60年代末期，随着美国民权和反战运动的高涨，环境问题逐渐被民众所关注。1970年4月22日，2 000万民众在全美各地举行了声势浩大的游行，呼吁保护环境。这一草根行动最终直达国会山，立法机构开始意识到环境保护的迫切性。如此巨大的压力之下，美国联邦政府不得不做出让步，时任总统尼克松同意成立了美国环境保护署（EPA）这一特殊的部门，结束了美国没有联邦政府机构统筹管理环境污染问题的局面。

后来为了纪念这一天，美国政府定其为“地球日”。在民众的强烈呼吁下，1970年联邦《清洁空气法》出台，该法律在后来美国环境保护的历程中起到了至关重要的作用，是一部具有里程碑意义的法律。《清洁空气法》的出台，标志着全国范围内污染标准的制定已经成为可能，民众以及洛杉矶政府环境保护监管人员不需要再畏惧汽车和石油巨头方面施加的重重阻碍。

美国环境保护署成立后一直致力于为民众营造一个健康、清洁的生活环境。其职责包括制定全国的环保法规，进行相关科学研究，以及向各级地方政府机构提供资金和技术支持等。

根据《清洁空气法案》和《国家环境空气质量标准》规定的污染物排放标准，将全国分为3类：达标区、不达标区和无法判定区。其中，不达标区被划定为大气质量控制区，必须实行州实施计划（简称SIP），以达到并保持大气质量标准。美国环境保护署将美国50个州划为10个大区，每个大区设立区域环境办公室，由它们作为美国环境保护署的代表，对所辖大区的综合性环保工作进行监督，在这些州内代表美国环境保护署执行联邦的环境法律、实施美国环境保护署的各种项目，协调州与联邦政府的关系，以促进跨州区域性环境问题的解决。其中加利福尼亚州属第九大区管辖。

洛杉矶位于加利福尼亚州的南部是空气污染最严重的地区，加之空气的流动性，扩大了空气污染的流动性。为了对空气污染进行彻底、全面的治理，必须进行区域之间的合作。因此，由位于南加利福尼亚州地区的洛杉矶县、橙县、河滨县和圣伯纳蒂诺县的部分地区联合成立了南海岸空气质量管理局。该组织主要负责制定区域空气质量管理规划和政策，对区内企业和固定污染源的污染物排放进行统一监管。南海岸空气质量管理局成立后，制定了一系列空气污染治理政策，成为区域联防联控的典范。南海岸空气质量管理局制定和实施“空气质量管理计划”，促使本地区恪守联邦和州清洁空气标准，同时还制定诸多规则以减少各种来源的排放，包括特定类型的设备、工业流程、涂料和溶剂，甚至消费性产品。向许多企业和行业发布可以确保符合质量的规则。南海岸空气质量管理局工作人员会定期检查以确保符合这些要求。南海岸空气质量管理局在所辖区域共设置38个位置持续监控空气质量，以便及时发现空气质量较差的点并通知公众尽早防范。

3. 日本在防治雾霾方面有哪些经验值得借鉴

日本历史上也曾受到雾霾的困扰。以日本川崎为例，现今的日本川崎碧水蓝天、空气清新，然而我们不知道的是，20世纪60、70年代的川崎是日本污染最严重的城市之一。当年的川崎是一座重工业城市，拥有大量的冶炼厂、石化厂，每天排放大量的废气废水和粉尘进入环境之中，使得该地的天和海水均呈现出淡淡的红色，严重影响了当地的环境质量，导致呼吸道疾病多发，威胁市民的身体健康。值得庆幸的是，在没有造成更大的污染事件之前，日本政府就意识到了环境治理以及保护的重要性，经过10~20年的努力，川崎市成功治理了环境污染，恢复了原有的碧水蓝天，其治理环境污染的经验吸引了很多学术团体和国际友人前来参观学习，下面我们就介绍下川崎的环境治理进程。

在日本环境治理的进程中，最重要的一项措施就是立

法。1962年12月日本政府制定的第一部空气污染控制法——《煤烟排放控制有关法律》正式生效。日本政府将环境污染称为“公害”，并痛下决心大力整治。1967年，日本制定了《公害对策基本法》，其中包括了著名的环境与经济协调发展的条款。在之后1970年的“公害国会”上，日本政府进行了大规模的法律修订和新法制定。此届国会修订的《公害对策基本法》和《防止大气污染法》，构成了日本大气污染对策的最重要的法律基础。同年，日本公布(或修改后重新公布)了14项有关公害的法律，除《公害对策基本法》和《大气污染防止法》外，还包括《道路交通法》《噪音管制法》《废弃物处理法》《下水道法》《防止公害项目费企业负担法》《防止海洋污染法》《有关人体健康的公害犯罪处罚相关法律》《农药管制法》《防止水质污浊法》《自然公园法》《有毒物及剧毒物管理法》。

1971年，日本成立了环境厅，各都道府县、各市町村也都设置了政府环保机构。这些法律和机构为日本的环境治理做出了重要的贡献，且至今仍在治理环境方面发挥着重要的作用。在此之后，日本的地方公共团体开始发展兴盛起来，这类公社每年会向政府提出大量的关于环境问题的意见或建议，都能得到政府重视和及时回复与依法处理。据统计，1970年地方公共团体提出的公害意见共59 467件，其中大气污染12 911件，水污染8 913件，土壤污染67件，噪音、震动污染22 568件，地基沉降11件。其后大气污染事件的数字逐年升高，1972年达到峰值21 576件。此后，该数字出现下降，1979年大气污染事件降到14 591件。在政府和民间团体组织的共同努力下，大气污染在许多地方都得到了比较好的治理，空气质量明显改善。

1974年以后，随着汽车数量的增加，汽车尾气排放问题开始引起人们的重视。针对大气中氮氧化物等污染物增加的问题，日本政府借鉴前一时期对固定源的治理对策，制定了每辆汽车的排气标准(单个排放源限制)，开发了汽油车的排放气体控制对策技术等措施，并获得了很好的成效，如今的日本已经完全实现了工业的“脱硫”以及汽油的无铅化。

1993年，日本通过了《环境基本法》，该法案对有关治理公害和保护环境的法律进行了进一步修改完善。立法后，日本政府对于执法的要求同样很严格。如今在环境保护及污染治理方面，日本已经形成了完整的法律保障体系。在环境政策的发展过程中，日本政府不断转换发展思路，将环境治理的对象从水和大气逐渐向其他领域扩展，如固体废物、化学物质、自然及生态系统的保护问题、生物多样性和全球变暖等问题。

时代在发展，日本环境治理的政策也随之不断地更新变化，1955年至1973年，日本大气污染治理的重点在于实现工业的“脱硫”。为了“脱硫”，日本政府制定规则，指导工业界引进低硫原油，规划和引进重油脱硫装置，引导民间革新和投资于排烟脱硫装置等的污染管理技术，使工业发展造成的大气污染在短期内得到较大改善。

2003年，川崎市开始对PM2.5颗粒以及粒径在2.5～10微米之间的颗粒PM(2.5～10)进行连续监测，在市内共设置了6个基地用于分析浓度和各种颗粒所带的碳、离子和金属成分。在2009年制定的环境标准中，川崎市要求对细颗粒物(主要是PM2.5)等采取防控措施。

4.欧盟雾霾治理的经验

在欧洲治理空气污染的过程中，完善的法律和严格的标准发挥了至关重要的作用。欧盟通过立法制定了一系列健康保障排放标准和治理目标来治理空气污染，限制各个部门、各个行业污染物的排放量，确保良好的空气质量。

20世纪70年代以来，欧盟陆续发布了多部大气环境标准指令。这些指令的发布与实施，对保护和改善成员国的空气环境、有效预防和控制大气污染、实现共同的环境目标起到了非常重要的作用和法律保障。欧盟大气环境标准包括环境空气质量标准和大气污染物排放标准两项内容。欧盟大气环境指令要求，各成员国在其领域建立“区”“块”两个基本管理区域，在所有区内和块内空气质量评价和空气质量管理均应严格实行。“区”“块”遍及欧盟各成员国领土范围。为了保证指令的顺利有效实施，欧盟制定了一系列包括区域联防联控措施在内的空气保护立法。

1999年，欧盟首次颁布了空气质量标准指令，制定了针对二氧化硫、氮氧化物、PM10和铅四种污染物的标准，并要求各成员国强制执行。此后，欧盟又分别在2000年、2002年、2004年、2008年颁布了新的空气质量标准指令。

2008年4月，欧盟通过了一项有关空气质量的重要法令——《环境空气质量指令》，这项指令也被称为环境空气质量标准及清洁空气法案(2008/50/EC)。新指令对前四部空气质量指令中规定的9种污染物的环境标准值进行了修订，并已于2010年6月正式实行。该指令提出了欧盟有关空气中悬浮细颗粒物含量的统一标准，规定了所有污染物特别是PM2.5的排放限值标准。与此同时，欧盟还发布了成员国排放上限指令，规定了2010年主要污染物整体排放上限，同时明确了工业污染物的排放标准。新法规的制定，表明欧盟对于提高空气质量的决心和意志。

2013年，欧盟出台了一系列清洁空气的计划，对主要空气污染物制定了更为严格的排放上限；提议制定针对中等规模火力发电厂空气污染物排放量的指令等。欧盟估计，通过该计划的实施，到2030年可取得以下成果：减少5.8万人非自然死亡；12.3万平方千米的生态系统免于氮污染；1.9万平方千米的森林生态系统免于酸性侵蚀。

5.国外雾霾治理经验的启示

通过对各国雾霾治理经验的了解，我们不难看出，虽然各国的实际情况有所差异，但是其大体脉络是基本一致的。

首先，需要高度的重视，只有正确客观地认识到大气污染的危害，才能痛下决心，励精图治。如20世纪40年代初洛杉矶发生光化学烟雾污染之前，空气的质量已经很差，但是各界人士并没有清楚地认识到大气污染的危害，因此并没有引起人们的警觉，直到光化学烟雾事件发生，民众才开始觉醒，反思大气环境污染的危害以及经济发展模式的问题。

其次，污染治理是一个长期且艰巨的任务，要做好打“持久战”的准备。从各国治理大气污染的历程可以看出，污染治理工作是长期的，从开始治理到现今从未停止。从政府到民众都要清楚地知道，大气污染的防治并非一朝一夕可成。洛杉矶光化学烟雾事件发生之后，加利福尼亚州政府的官员和管理人员曾在公开场合表示，一定要在几年内彻底摆脱烟雾的困扰，彻底改善环境质量。可是直至今日，虽然洛杉矶的大气环境质量已经有了翻天覆地的变化，但是污染的状况依旧存在，由此可见，治理污染的艰巨性绝非短期之功。

最后，雾霾的治理还需要形成体系，这就要各个部门之间的配合以及合适的手段和方式。各国的经验告诉我们，仅仅依赖环保单位是无法完成如此艰巨的任务的，这需要整个国家从中央政府到各级单位到地方组织，以及民众的积极配合，共同投入。同时要通过制定法律法规、开发环保技术、绿色能源等多重手段来减少污染。不仅如此，政府还要推进能源结构调整、产业结构转换、人民生活方式转变等。我们应该吸取国外“先污染后治理”的深刻教训，对新建的高污染工程项目要做严格的环境影响评估，防止在工业化、城镇化过程中产生新的污染。

第八章 雾霾来了怎么办

遇到雾霾天气，作为个人，我们应该注意哪些问题呢？应该从哪些方面尽量防止雾霾对我们造成侵害呢？具体来说，可以从以下几方面着手。

1.雾霾天气怎么出行

近年来，我国雾霾天气频发，尤其是2013年初，包括北京在内的全国多个城市出现了持续雾霾天气，空气质量急剧下降，大气中有毒有害物质不断增多。北京的空气质量监测数据显示，2013年1月12日至13日，大气PM2.5指数逼近500，局部地区最高值突破700，达到“有记录以来最差”水平。针对此天气状况，气象和环保部门连发两次黄色预警，建议市民减少外出。

上文中提到，雾霾的治理绝非一朝一夕之功，需要一个长期的过程，这就意味着人们还要对雾霾忍受一段时间。那么，在雾霾天气出行的时候，我们如何将自己所受到的影响减至最低呢？可以从以下几个方面入手。

尽量减少出行

雾霾天气空气中的可吸入颗粒、二氧化硫等污染物极

易诱发各类呼吸道感染，如哮喘、慢性支气管炎等。因此，民众在雾霾天气如无必要情况最好减少出行。对于病人，尤其是患有心脑血管、呼吸系统疾病的人群而言，雾霾天气更是要注意，尽量避免出行。根据研究显示，在排除了年龄、性别、时间效应和气象等影响因素之后，当雾浓度每增加103微克/立方米时，居民全部死因的超额死亡风险会增加2.29%，滞后时间在1～2天。心脑血管疾病增加的超额死亡风险更高，为3.08%。

习惯骑单车、电动车上班或出门办事的人，最好避开早晚交通拥挤的高峰时段，或选择搭乘公交车或是地铁，减少与雾霾的直接接触。早晚交通高峰时段，路上行驶大量的公交车以及私家车，这些汽车排放的尾气中含有大量的未完全燃烧的化学成分，会随着空气里面的气溶胶颗粒悬浮。对于骑单车或电动车的行人，身体需要供氧，肺就会吸入大量空气，造成大量的有毒有害物质进入人体，进而损害人体的健康。

不要在雾中晨练，更不要在室外雾霾中剧烈运动。值得注意的是，在非雾霾天气也应避开6：00~8：00和20：00~22：00的污染物浓度高峰期，而选择在10：00~15：00这段时间进行锻炼，因为此时空气中的有害物质浓度相对较低。开窗通风的时间也应以此时间段为首选。

出门要戴口罩

选择合适的口罩可以有效地阻止大气中有毒有害物质被人体吸入，为人们的健康提供多一层的保障。同时需要注意的是，口罩的选择有很大的学问，只有选择正确适合的口罩，才能达到阻止有害物质的目的，在后面的内容中我们会具体介绍口罩的选择方法以及注意事项。

回到室内后的清理工作

雾霾天气出行回到室内后，必须做好清理工作。应及时清洗面部、口腔及鼻腔，并养成每天主动咳嗽清理气管内有害物质的习惯，以减小PM2.5对人体健康的伤害。

清理的方法很简单，只需三个步骤：洗脸、漱口、清理鼻腔。洗脸最好选择温水，温水可以使毛孔微张，利于将附着在皮肤上的雾霾颗粒有效清洁干净；漱口可以有效地将附着在口腔的细小颗粒物清除；最关键的步骤是鼻腔的清理工作，清理鼻腔时需要注意的是一定要轻轻吸水，防止发生呛咳，也可以用干净棉签蘸水，反复清洗。

2.雾霾天戴口罩有用吗

雾霾天气的频繁出现，已经引起公众的恐慌情绪，人们开始寻求避免雾霾侵袭的方法。与此同时，一些商家看到了商机，开始出售口罩，并为口罩贴上“专防PM2.5”的标签，一时间口罩的销售火爆，但是雾霾天气戴口罩真的有用吗?

现在市面上普遍销售的口罩有：普通口罩、灭菌口罩、棉布口罩、活性炭口罩、N95型口罩、N99型口罩等。总体可以将其分为民用口罩、医用口罩和工业口罩三大类，工业口罩的主要消费对象是工矿企业员工，因此市面上不常见。

民用口罩

一般普通的民用口罩是两三层无纺布，没有安全标准。其外观一般比较时尚精美，对年轻人具有很强的吸引力。但是这些外观精美的口罩往往没有标签、没有生产厂家，甚至属于“三无产品”。这类民用口罩只能起到保暖和美观的作用，仅可阻挡一些大颗粒的灰尘，起到一定的防尘作用，其他防护能力较弱。对雾霾天气时空气中悬浮的细小颗粒基本没有抵抗能力，因此，不建议雾霾天气佩戴。

医用口罩

医用口罩有一次性的三层无纺布口罩、全棉的三层纱布口罩和十二层纱布厚口罩。主要作用是阻挡大颗粒或有呼吸道传染疾病的病毒细菌、PM3以上的可吸入颗粒物。市面上销售较多的医用口罩主要有两种：一次性普通医用口罩和医用脱脂纱布口罩，这两种口罩的防护效果在医用口罩中相对较低，主要用于“保护呼吸道免受有害粉尘、气溶胶、微生物及灰尘伤害”，对PM2.5的阻挡效果较差。

（1）普通医用口罩。一次性普通医用口罩一般由三层无纺布组成，可过滤空气中的微粒，阻隔飞沫、分泌物等，其优点是比较透气，重量较轻，携带方便，价格便宜，容易购买，一般的药店或者淘宝网店都可以买到；缺点是对细微颗粒物的阻挡效果差，且只能使用一次。

（2）医用脱脂纱布口罩。医用脱脂纱布口罩一般有4层、12层、16层三种。在选购的时候最好选择纱布层数不少于12层，并且从纱布的密度上看，纬纱每厘米不少于9根的。在使用的时候最好多准备几个，每天都消毒。这种口罩价格便宜，易于购买，可过滤一定的空气微粒，阻隔飞沫、分泌物，吸附能力强，但是其透气性差，过敏性肤质不宜戴；其纤维一般很粗，对直径5微米以下的颗粒阻挡能力较差；使用后口罩内面接触口鼻的部分会留有唾液，若不能及时清洗，容易滋生细菌。

（3）N95型口罩。医用外科口罩是医用口罩中防护效果较好、佩戴比较舒适的一种。医用外科口罩外观与一次性普通医用口罩相差不大，但是其内部结构却有很大的差异。医用外科口罩里面含有熔喷布滤料，对非油性颗粒的过滤效率一般在30%以上，可以有效阻挡粒径大于或等于0.075微米的粒子，当然也能有效地阻挡PM2.5粒子。而医用外科口罩中防护能力最强的是N95型口罩。

N95型口罩是NIOSH(美国国家职业安全卫生研究所)认证的9种防颗粒物口罩中的一种。“N”的意思是不适合油性的颗粒(炒菜产生的油烟就是油性颗粒物，而人咳嗽产生的飞沫不是油性的)；“95”是指在NIOSH标准规定的检测条件下，过滤效率达到95%。N95不是特定的产品名称，只要符合N95标准，并且通过NIOSH审查的产品就可以称为“N95型口罩”。

非典和甲流爆发时，N95型口罩在呼吸传染病房被广泛使用，用于呼吸道急性传染病的防护，包括某些细菌、病毒及有害气体、重金属等。虽然N95型口罩能过滤95%的PM2.5颗粒，但是并不适合普通市民使用。这是因为N95型口罩质感较硬，防护材料密度较高，透气性差，呼吸起来不通畅，长时间佩戴容易出现缺氧等不适症状。因此，必须要经过正确的培训才能佩戴这种专业防护型口罩，否则容易造成呼吸困难；而对于儿童、老年人或是患有呼吸系统疾病的病人来说，选择此类口罩时更要慎重。

（4）KN90型口罩。KN90型口罩是指对于0.075微米以上的非油性颗粒物过滤效率大于90%的口罩。对这种口罩进行测试发现，对于PM2.5的阻挡效率可以达到90%，虽然阻挡效率与N95型口罩相比要略差，但是其防护材料密度不及N95，因此其透气性较好，更适合普通民众使用，虽然也可能会有一些气闷，但是不影响正常的工作生活。同时需要注意的是，KN90型口罩气排气性差，呼出的气体存留于口罩内部密闭空间中，相当于重复呼吸，因此，不适合长时间佩戴。

其他类型的口罩

除了上述几种口罩类型外，还有一些其他类型的口罩，如防尘口罩。

防尘口罩又称活性炭口罩，其从表层到里层分别是全棉布、防尘针刺布、活性炭(过滤层)和全棉蜂巢布4层构成，过滤性能较好，具有防尘、滤菌和防毒的效果，对PM2.5也具有一定的防护效果。活性炭的加入，可以有效地吸收异味；其设计形状为拱形，与脸部曲线较为贴合，因此密闭性较好，佩戴比较舒适。购买时一般会赠送活性炭层，故可重复使用。

现在网上出现大量热销的是防PM2.5的专用口罩，专家表示，这类口罩大多数是仿医疗口罩，有没有经过专业的测试效果尚未可知，而且国家也并未出台PM2.5口罩的相关行业标准，因此，市面上出现的此类口罩大多只是抓住民众急于防范雾霾的心理，以防PM2.5为噱头。

综上所述，从防尘保健的角度考虑，选择口罩时以浅色、全棉、医用、层数多为最佳。建议到正规商场、超市或者药店购买。如果选择网购的话，也要选择正规的网络商城，这样购买的口罩质量相对会更有保障。医用口罩外包装上标注的灭菌级和普通级指的是口罩本身的洁净程度，与过滤效果无关，在选择时以标注“药监械准字”为选择标准。最后告知大家的是，戴口罩只是预防有毒颗粒吸入的方法之一，最关键的还在于养成良好的生活习惯，提高自身免疫力。

3.怎样选择适合自己的口罩

首先从原则上讲，颗粒物的防护口罩应该是根据使用者需要面对的粉尘浓度和毒性来选择，一般普通民众所面对的环境没有工矿企业中那么恶劣，N95、KN90等类型的口罩就可以阻挡大部分颗粒物。雾霾天气下也可以根据当地的环保部门发布的雾霾警示，来考虑相应的防护级别。再综合考虑口罩的功能，不要仅仅追求高的阻挡率或是活性炭层。高滤性能的口罩一般具有更大的呼吸阻力，对于心肺功能较弱的群体，尤其是平时不锻炼稍做运动就会大喘的人群，反而会造成负担，引发各种不适症状。

其次是根据作业需求或者工作条件，例如晴朗天气在大街上漫步和雾霾天气在室外作业，对于口罩的要求就有很大差异。雾霾天作业的人员耗氧很大，对通气量就有更高的需求，其对于口罩透气性的需求比前者高得多；同时也要考虑雾霾对于健康的影响，最好选择对于PM2.5阻挡能力较强又不影响正常呼吸的口罩。而晴朗天气佩戴口罩主要是为了阻挡大气中的灰尘，以阻挡大颗粒为主要目标，加之运动量不大，对透气性没有很高的需求，因此，一般的医用防护口罩就可以胜任。严格来说，在工业领域作业的人群，应该咨询劳动防护部门，挑选专为体力劳动者设计的型号。

最后需要考虑的就是适合性。防颗粒口罩并不是适合所有的人群，目前防颗粒物口罩的认证检测体系并不能保证口罩对每个具体的使用者都适用，也就是说可能会出现口罩性能没有问题，但是由于面部设计不够贴合出现缝隙，影响口罩密闭性及防护效果的情况。所以大家在选择口罩的时候最好可以先试用一下，观察是否可以与面部紧密贴合。

此外，还要注意口罩的包装、大小、材质等问题。口罩的包装有着严格的规定。为了最大限度地避免二次污染，最好选择有独立小包装的口罩产品。口罩大小一般以宽13厘米、长16.5厘米为最佳，这样的口罩戴上后能罩住口、鼻和眼眶以下的大部分面积，真正起到保护作用。制作口罩的材料应没有异味，并且对人体无害，特别是与人体面部直接接触部分的材料，应无刺激性和过敏性。还有就是口罩本身的舒适性，比如头带的绑扎位置和张力、鼻夹的角度、口罩本身的重量等，都是在选购时应该注意的因素。

4.佩戴口罩的注意事项

口罩在佩戴过程中还有很多需要我们注意的地方，下面就为大家一一介绍。

（1）佩戴口罩前后应该彻底清洗双手，注意不要用未清洗的双手接触口鼻，同时注意口罩外层可能沾染有病菌及有害颗粒物，故使用中、使用后不要用手接触口罩外层。然后，依照佩戴说明按步骤佩戴口罩，包括固定紧口罩的系绳、让口罩与面部紧密贴合。正确佩戴之后还要检查并保持口罩的气密性，这样它才能更好地发挥其性能。如果口罩戴得太松，与脸面不贴合，会使空气从侧面空隙中进入，就无法达到预防效果。

（2）一定要把嘴与鼻子全部遮住，有的人为了透气舒服只把嘴遮住，让鼻子露在口罩外面，这种方式是不可取的，因为鼻子是空气进入人体的主要通道。如果把鼻子露在外边，就失去了佩戴口罩的初衷，不能起到保护呼吸道免受外界有害物质损伤的作用。

（3）有些人为了便利，经常把口罩正反两面戴，这种做法是不正确的。口罩不能正反两面轮流戴，这是因为朝外的一面很容易吸附大气中的颗粒物，若没有经过清洗就直接把朝外的一面再朝内戴，很容易损害呼吸道，感染病菌。

（4）不要将口罩挂在耳边或戴在下巴上。头发、下巴、脖子暴露在空气中，沾染的灰尘、细菌极有可能沾到口罩的里层，下次再戴时，容易引起呼吸道感染。当不需要佩戴时，应将口罩接触皮肤的一面向里折叠以保持清洁卫生，放入干净的袋子里，再戴的时候不要翻面。

（5）部分人群容易出汗，常常润湿口罩，口罩润湿后对颗粒物的阻挡能力就会急速下降，不能有效阻挡有毒有害物质的入侵。因此，当感觉口罩内层被润湿后，应及时更换干净的口罩。建议此类人群最好多备几个口罩，以便于随时更换。

（6）避免长时间佩戴。这要从两方面说起：一是戴口罩不宜时间过长，一般6小时为上限。人体有一种与生俱来的生理功能，即鼻腔吸入的冷空气在进入肺部的过程中会逐渐接近体温。这种功能可以通过锻炼来增强，以提高人体的耐寒能力。口罩的佩戴阻止了这种生理功能的锻炼，因此，长时间的佩戴口罩，会使鼻腔黏膜自身抵抗能力下降，稍微受寒就容易引发感冒。二是口罩的使用时间不宜过长。虽然颗粒物防护口罩没有规定明确的使用时限，但长时间的使用会造成细菌的滋生或是污染物的大量附着。一般对于N95型、KN90型口罩可以多次使用，但不可水洗，必须保持干燥整洁，要是它污损或是感觉呼吸困难了就要立即换掉，最好做到日抛。

（7）对于可以清洗的口罩，一般每天都应该进行清洁消毒。清洗口罩时，应先将口罩放入开水烫5分钟，然后用肥皂搓洗，清水漂净之后再拿到阳光下晾晒，这样才能起到杀菌消毒的作用。另外，还要注意卫生保存，清洁消毒后的口罩应放入干净袋子里。

5.健康的体魄是对抗雾霾的基础

面对近期的雾霾频发，健康的体魄才能提高我们自身的抵抗力，有效地帮助我们防止雾霾的侵袭。

随着社会经济的快速发展，人们的生活质量在不断地提高，同时，人们对健康重要性的认识也逐渐深入。各大媒体顺应民众需求，纷纷推出健康讲座类节目，部分医学专家也走上荧屏，和广大群众面对面，宣传健康科普知识。

那么，怎样才能让人们拥有健康的体魄呢？据科学调查研究显示，影响健康的四大因素是：个人生活方式（占60%）；医疗条件（占8%）；内因（即父母的遗传因素，占15%）；外因（社会环境因素占10%；自然环境因素占7%）。良好的生活习惯是影响健康最关键的一个因素，因为良好的生活习惯为健康提供了综合锻炼和全面调理的手段以及最基础的保障，而健康的体魄会给我们提供充足的精力去学习、读书、思考、总结、实践，提高自身的综合素质。

美国斯坦福大学医学教授詹姆斯·弗赖斯在其研究中发现，严重影响人类健康的不良生活习惯主要有三种：吸烟、体重超标和不活动。他分别对具有此类不良生活习惯的人群与生活习惯健康的人群对比分析发现，有健康生活习惯的人群，不但寿命更长，而且活得更健康，晚年慢性疾病时间比生活习惯不够谨慎的人减少一半。研究还发现，人晚年是否健康，更多的是如何选择生活习惯的问题，而不是基因遗传。不吸烟、体重达标和经常锻炼的人不但长寿，而且去世前生活不能自理的时间更短。而是否有健康的生活习惯却取决于个人的选择。由此可见，健康的生活习惯对于健康的重要性。

现在人们对于健康的认识还有所偏差，这主要表现在以下三方面：

第一重食品安全，轻食品搭配。近几年，我国的食品安全问题接连不断的出现，从最初的苏丹红，到三聚氰胺，再到地沟油以及毒胶囊等多起重大的食品安全事件，严重影响到了民众的身体健康，并且造成了巨大的财产损失，一定程度上对我国社会的经济发展以及国家形象造成了损害，为人们诟病。但是食品安全并不是保证生命健康唯一的评判标准，食品安全只是保障人体健康的基本标准。食品安全是需要靠国家和政府各级领导同心协力、共同解决的首要问题，重建民众对食品安全的信任。除食品安全外，食品搭配是健康的核心标准。食物搭配讲究的是食物要有多样性，注意营养的均衡。此外，好的食品搭配的同时，还要注意控制食量，否则很容易造成营养过剩。

第二忽视体检保健。现在大多数人认为健康的标准就是不生病、不吃药，认为自我感觉良好就是健康，而不重视良好生活习惯的养成，这种认识是片面的、狭隘的。健康不仅包括身体的健康，健康的内涵是心理健康、生理健康和良好的社会适应能力三者的统一。

第三不注重体育锻炼。现代社会，各种娱乐场所林立，深受年轻人的喜爱，K歌、喝酒或是通宵达旦的坐在电脑前玩游戏的情况，比比皆是。而与此相对的是，运动场地几乎门可罗雀，晨练已经成了老年人的专利。导致现在的年轻人身体素质大不如前，健康状况更是令人堪忧。

面对当前的情况，我们必须从战略的高度加强健康教育，把培养良好的生活习惯作为健康的重要内容，贯穿于健康教育的全过程。

6.雾霾天饮食攻略

雾霾天气对人体的健康影响较大，专家建议，在这种天气条件下，应该多饮水，适当调节饮食，饮食以清淡为佳。具体来说，应该注意以下几点。

饮食清淡多喝水

雾天的饮食宜选择清淡易消化且富含维生素的食物，多饮水，多吃新鲜蔬菜和水果，这样不仅可补充各种维生素和无机盐，还能起到润肺除燥、祛痰止咳、健脾补肾的作用。少吃刺激性食物，多吃些梨、枇杷、橙子、橘子等清肺化痰食品。

多食豆腐和牛奶

雾霾天太阳不露脸，专家提醒，这可能会影响维生素D的获取，进而导致缺钙。人体所需的维生素D大部分都需要晒太阳来获得，而维生素D可以促进钙的吸收。而如果连续一两个月日照不足的话，可能会导致缺钙。所以，多喝牛奶、多吃豆腐，可以补充维生素D，促进钙的吸收。

多喝清肺润肺的茶

罗汉果茶可以防治雾天吸入污浊空气引起的咽部瘙痒，有润肺的良好功效，尤其是午后喝效果更好。因为清晨的雾气最浓，中午差不多就散去，人在上午吸入的灰尘杂质比较多，午后喝就能及时清肺。

适量补充维生素D

雾霾天气由于紫外线照射不足，人体内维生素D生成不足，有些人还会产生精神懒散、情绪低落等现象，必要时可补充一些维生素D。

患者坚持服药

呼吸病患者和心脑血管病患者在雾天更要坚持按时服药，以免发病；并加强自我监察，注意身体的感受和反应，若有不适，及时就医。

7.雾霾天怎样合理运动

我们都知道，雾霾天气如果进行户外运动，会刺激呼吸系统或造成呼吸道感染。雾霾天气应该中断运动吗？对此，有关专家建议，雾霾天应减少运动量，避免剧烈运动。不过，适量的运动也能有助于有害物质的排出。

为了保证运动健身的健康目的，可以将户外健身改为室内进行。对于不同的人群，可进行以下不同的运动。

孩子

小孩子每天保证适量的运动，才能达到锻炼的目的。但是雾霾天气实在不适合进行户外锻炼，不妨试试下面这些适合孩子做的小运动。

拍拍肩。腰部转动和拍肩相结合，右手掌拍左肩腰向左转，另一手背拍腰骶部，反之亦然。肩部有肩井穴，拍打此穴可起到疏通气息、行气活血作用。

扭扭腰。同准备姿势，拇指在前，其余四指在后，胯部向右、向左，然后可做顺时针或逆时针转动，转动要缓慢有力。

跳跳绳。徒手跳绳，手脚动作要配合、协调。此动作可活络气血，加快血液循环，改善疲劳状态，坚持一分钟左右。

踢踢腿。原地踏步，上肢摆臂，下肢伸直，脚尖绷紧，尽量与下肢成一直线，尽量踢高一些，就像操练时正步走动作。

手指当梳。用指甲背面梳头，前向后梳30～50下，然后拉耳朵，拉耳尖5次，再拉耳垂5次，最后摩擦最外侧的耳轮20～30次。再用双手掌从腰部开始拍打到脚后跟，从小腿内侧到肚脐两侧，拍打2～3次，全套结束。

点点头。站立，两脚分开，与肩同宽，两手叉腰，做前屈(下巴贴近胸部)、后伸(抬头后仰)、侧屈(耳朵贴近肩膀)和旋转动作，动作要求做得缓慢、到位，到了某一位置，要稍微用力拉伸一下，有酸胀感，效果会更好。每节做一分钟左右。

老人

老年人因为体质原因，最好别去户外活动。如果实在需要去户外走走，可以试试在下午2：30～6：00雾霾不太严重的时间，快步走半小时。

快走消耗的能量并不比跑步少，所以从锻炼的角度来说效果也非常好。特别是对老年人来说，快步走还降低了运动风险，走的时候手里如果拿两个小小的哑铃，长期坚持下去甚至可以增加骨密度。

当然，最为安全有效的方式是，在室内进行一些简单易学的健身操。每种健身操可两组，每组重复8～10次。

双手推墙：双腿并拢，双手撑在墙上，腿打直，臀部先向外伸，再朝墙靠，身体回到原位。

起立坐下：起始动作为坐在椅子上，身体稍微前倾，起身站立。起身时身体不摇晃，也不要使用双手帮忙。然后坐下，重复动作。

提重物耸肩：双手各握一只哑铃，置于身体两侧。双肩耸向耳朵部位后放下。

上班族

每天定时上下班的都市白领们，有时间的话可以去健身房，如果时间紧张，不妨试试在办公室原地跑。看起来简单的活动，其实非常锻炼体质，还是一种有氧运动。具体来说，原地跑动作要领如下：

（1）高抬腿，两足离地20厘米以上，脚尖轻轻落地，脚跟不着地。

（2）抬头，挺胸，收腹，两臂同下肢速率，自然前后摆动。

（3）呼吸要自然、顺畅，鼻吸口呼，吸气要均匀，呼气要充分。

（4）锻炼时要求动作轻松，利用双足与地面间的反弹力量，使动作有节奏地进行。

运动时要遵循量力而行、循序渐进的原则。初练者速度慢一些，可控制在每分钟跑140～170步，每次跑5～10分钟，每天锻炼1～2次。随着体力的增强，可逐渐加大运动量和锻炼次数。同时也可开始练习闭眼原地跑。

家庭妇女

家庭妇女可以在家里做一些简单的家务达到锻炼的目的。当然，如果时间允许，可以做一下拍打操，效果是很不错的。

（1）晨起拍打。早上起来后，可以站立或坐在椅子上，双目平视前方，全身放松，然后举起双臂，用手掌同时拍打头颈部。左手拍打左侧，右手拍打右侧，先从后颈开始，逐渐向上拍打，一直拍打到前额部，再从前额部向后拍打，一直到后颈部，如此反复5～8次即可。

拍打头部之后，可以把窗户打开一点，让室内适当通风。随后站起来，双手半握拳，先用左手拍打右胸，再用右手拍打左胸，先从上至下，然后由下至上，左右胸各拍打100次。

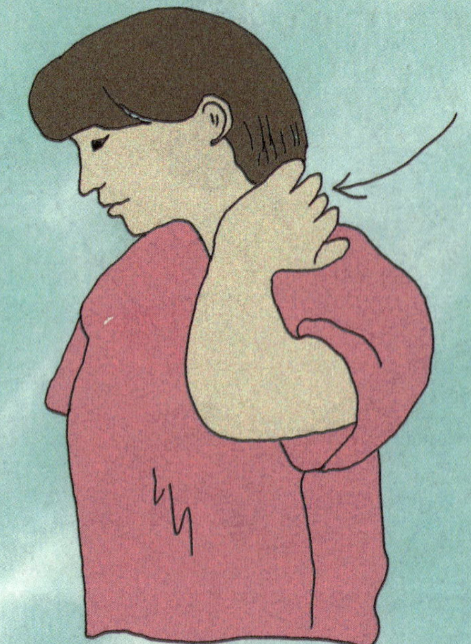

此后，再用类似方法拍打背部。拍打时，最好不要站在窗口，用鼻呼吸。拍打后立即关窗。

（2）饭后10分钟，拍打腹部。饭后，不要立即开始拍

打。10分钟过后，可以站立，全身放松，双手半握拳或手指并拢伸直，然后腰部自然而然地左右转动，随着转腰动作，两上肢也跟着甩动。当腰向右转动时，带动左手向右腹部拍打，同时右手向左腰部拍打；腰部向左转动时，上肢再进行与腰部右转时相反的动作。

如此反复转动，手掌有意识地拍打腰部与腹部，每侧拍打200次。这样不仅可以防治腰痛腰酸，对胃肠的消化也能起到很好的促进作用。

总之，我们提倡的体育锻炼必须是适度的，每个人应根据自身的体质状况，选择适合自己的运动项目和强度，设计合理的运动方案，不可盲目锻炼，必须要做到有张有弛，劳逸结合。大量研究表明：合理坚持适度的体育锻炼，是抵抗生理和心理疾病的最佳办法。雾霾天气对人体的心脑血管以及呼吸系统危害极大，而体育锻炼恰好可以改善人体的心血管系统和预防呼吸道疾病。因此，加强体育锻炼可以提高身体的综合素质，有效地帮助人体抵制雾霾的侵害。

第九章 如何应对室内的PM2.5

一般来讲，室内空气中PM2.5的浓度是相对较低的，但是有些时候由于室外污染为室内提供了尘源，特别是靠近路边的建筑，汽车尾气成为室内重要的污染源；同时，由于现在城市人70%以上的时间在室内度过，一些人为活动，如调节空调的运行、做饭、吸烟等，还有家具、装修材料等会不同程度地释放易挥发的有机物质等污染物，这个时候PM2.5可能就会急剧升高。

美国环境保护署(EPA)经过历时5年的调查发现，许多民用和商用建筑内的空气污染程度极高，是室外空气污染的数倍至数十倍，有的甚至超过100倍。通风是降低室内的PM2.5浓度最有效、最便捷的措施之一。但雾霾天气空气中污染物的浓度很大，因此，最好避免开窗通风。对于这一矛盾事件的存在，我们所能做的只有同时关注室外和室内的空气污染，做到“内外兼修”。

1. 室内空气污染物中的PM2.5有哪些危害

同雾霾一样，室内空气污染物中的PM2.5对人体有着很大的伤害。室内PM2.5成分复杂，一般情况下，其浓度比较低，对人体健康的影响是长期和慢性的，因此，才很容易为人所忽视。

下面我们了解下受到室内PM2.5影响后的主要症状表现：早期可能出现眼干、嗜睡、记忆力减退等情况；长期生活在这样的环境可出现嗓子疼痛、急性或慢性咽炎等，严重的甚至导致肺部和多器官疾病的产生。室内空气污染对人体的损害还可能造成过敏性哮喘、皮疹、病态建筑综合症等。

据相关资料统计，室内环境污染已经引发36%的呼吸道疾病，22%的慢性肺病和15%的气管炎、支气管炎；全世界每年有2 400万人的死亡与室内污染密切相关。因此，在《2002年世界卫生报告：减少威胁和促进健康生活》的报告中，将室内空气污染与高血压、胆固醇过高和缺铁症等共同列为人类健康的十大威胁。

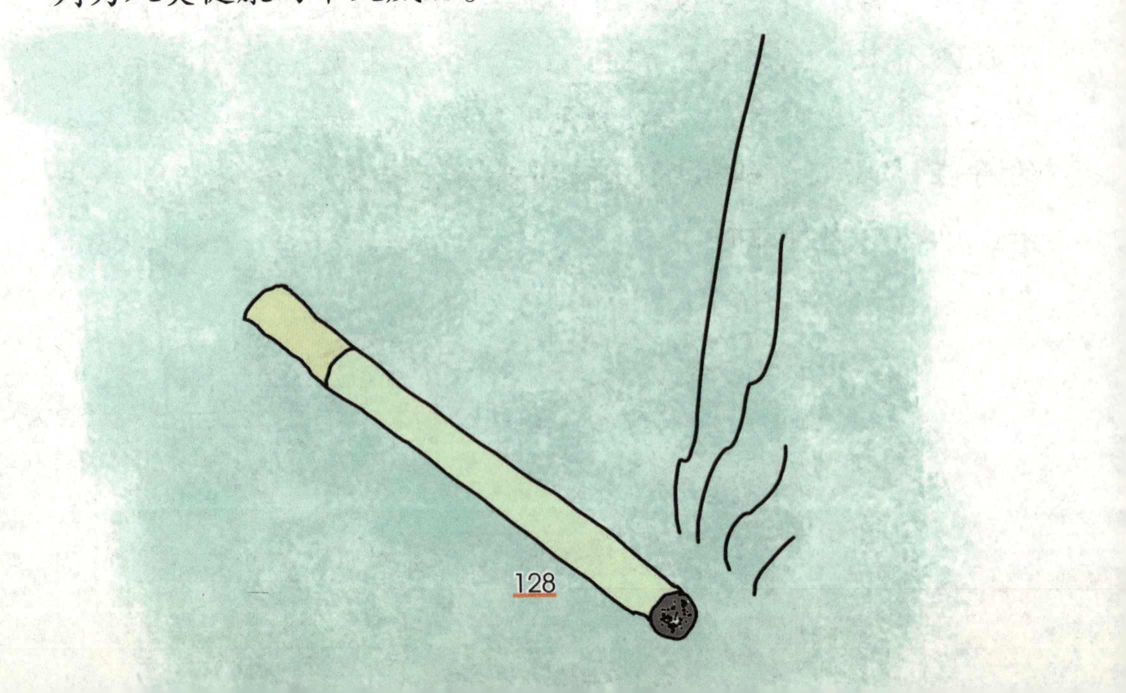

2.吸烟与室内PM2.5有关系吗

中国民间环保组织达尔文自然求知社发布的一项调查报告显示，二手烟是造成北京室内公共场所空气严重污染的罪魁祸首。在接受调查的北京43家公共场所，二手烟是室内PM2.5污染的主要来源，受访餐厅、酒吧和网吧的PM2.5浓度大大超过世界卫生组织推荐的标准值，其中最严重的一家酒吧超标46倍。调查还显示，在监测的全面禁烟的餐厅中，PM2.5平均值为61微克/立方米，部分禁烟的餐厅和没有禁烟规定的餐厅中，PM2.5平均值分别为103微克/立方米和114微克/立方米，而世界卫生组织推荐，空气中PM2.5浓度年均值不应高于25微克/立方米。

同时，有国外研究表明，在有人吸烟的室内，来源于二手烟中的微颗粒物约占2.5微米以下颗粒物室内总量的90%左右。有学者做过相关实验，在一个15平方米的室内房间，测得PM2.5浓度为56微克/立方米，而在吸了一支烟后约半小时，检测仪的显示屏示数随着烟雾的增加而越来越高。经过检测，室内PM2.5浓度从56微克/立方米提升到了92微克/立方米。

有专家监测发现，房间里只要能闻到烟味，PM2.5就已至少超标一倍。而且，吸烟除了带来“二手烟”，还会带来“三手烟”问题，人吸烟产生的微小颗粒物会残留在衣服、墙壁、地毯、家具甚至头发和皮肤上，被带到室外，稍微活动或空气流通，这些颗粒物便会升腾回到空气中，直至被人吸入肺里。根据2010年“全球成人烟草调查——中国部分”报告显示，中国72.4%的非吸烟者经常暴露于二手烟之中，每年约10万人死于二手烟暴露导致的疾病，全面无烟立法是保护非吸烟者免受二手烟暴露的唯一有效手段。

3.室内烹饪、清扫会带来哪些影响

根据生活常识，我们不难理解烹饪、清扫等活动会造成室内空气中的颗粒物浓度增加。环保方面的专家表示，烹饪之时的油烟是室内PM2.5的重要来源，且油烟中含有大量的致癌物质，会吸附粘到PM2.5上。一旦为人体所吸入，易引起身体细胞的癌变，是引发肺癌、胃癌的重要因素之一。

以油烟的产生为例，在烹饪的过程中，食用油会发生热氧化分解。反应初期会产生少量的蓝色烟雾，随着油温的逐步升高，分解速度加快，油面开始散发出大量的伴有刺鼻气味的油烟。油烟主要以液体和固体的气溶胶形式存在，其粒径范围在0.01～10微米之间，可长时间悬浮于空气之中。

有学者做了一个有趣的实验，发现各种不同的烹饪方式对室内PM2.5浓度水平具有不同程度的影响。蒸、油炸与烧烤三类烹饪方法相比，其中以烧烤时PM2.5的释放最大，油炸次之，蒸煮食材时释放量最小。

有专业机构对油烟对PM2.5的影响做过相应的测试：在厨房未烧菜时，其PM2.5的浓度为20微克/立方米，然后开始煎鸡蛋，在不开油烟机的情况下，烹制3分钟后，厨房里产生一股呛鼻油烟，PM2.5的浓度飙升至531微克/立方米。而根据国家的相关环境评定标准，PM2.5大于300微克/立方米时就属于“重度污染”。随后，开启油烟机排油烟，三分钟后，厨房内PM2.5的浓度降低了70%。

关于清扫活动，有关学者研究表示，频繁的清扫活动可以降低室内总悬浮颗粒物的浓度，但与此同时，常常造成细颗粒PM2.5浓度的增加。还有国外的学者研究发现，室内打扫可使PM2.5浓度增加1.7～2倍。此外，当人们在室内进行其他活动(如行走、坐沙发、翻阅报刊等)时，由于气流、震动等机械力的作用还可使地板、家具和衣服等表面附着的细小颗粒物再次悬浮进入空气中。

4.生活燃料燃烧与室内PM2.5密切相关

燃料的燃烧是室内PM2.5的重要来源之一。目前，中国居民烹饪、取暖所用的燃料主要以煤炭、煤气、天然气为主，这种能源结构在20年内不会有太大变化。在农村地区，90%的家庭日常生活中以生物质（水稻秆、木材等）为主要燃料。这些燃料在燃烧时都会不同程度地释放出颗粒物、二氧化硫、氮氧化物等气态或固态物质，造成室内空气污染。

相关的研究中得出了一些燃料在燃烧时对室内空气PM2.5浓度的释放情况：夜间在室内使用蜂窝煤取暖，居室空气中的PM2.5达到了200微克/立方米，属于重度污染；以液化气为燃料的居民，在使用液化气时室内PM2.5的浓度为71微克/立方米；以木材为燃料的家庭其室内浓度可高达212微克/立方米；在未使用燃料时，室内PM2.5都处在相对较低水平。

有生物质燃料在使用过程中与使用前后颗粒物浓度的对比研究表明，燃料燃烧时，室内PM2.5的平均浓度明显高于燃料未燃烧时的平均浓度水平。该研究更具体地反映出，秸秆类生物质燃料燃烧对室内PM2.5的释放率要大于木材，在农村家庭中，生物质燃料燃烧是PM2.5的主要污染源。

5. 电器使用不当会造成室内PM2.5增加吗

研究表明，家用电器如空调、空气加湿器以及空气净化器的不当使用，会造成室内PM2.5含量的阶段性上升。

上海市疾控中心与复旦大学公共卫生学院等机构对上海市1 000户家庭空调污染源进行了摸底调查，结果显示，大多数家庭的空调由于长时间不清洗，致使空调中积尘、细菌、霉菌等含量均超标，有些严重的家庭细菌数量甚至超过商场中央空调的50倍。此外，部分家庭在分体空调的冷凝水中还检测出了国家规定中要求不能在空调中存在的嗜肺军团菌。

同时，在上海市环境保护产业协会举行的“室内甲醛与PM2.5免费抽检公益科普活动”中，经过实际调查显示，在门窗紧闭的情况下，60%～70%的家庭PM2.5值在国家规定的标准值内。但是很多家庭一旦打开空调，尤其是在空调运行的初级阶段，由于空调未经清洁，开启后就会将污染物释放出来，并在屋内不断循环，导致室内PM2.5值明显升高，超过了国家规定的安全范畴，有些可能比室外PM2.5值还要高。

加湿器的不当使用同样会造成室内PM2.5含量的增高，这是因为加湿器的原理是通过高频次超声将水雾化成1～5微米的超微粒，再通过风动装置将水雾扩散到空气中。有关人员曾做过相关方面的测试，结果显示，加湿器的使用会明显增加空气中PM2.5的含量。而空气净化装置与加湿器同时使用时，不但不会降低空气中PM2.5的含量，反而会造成其含量的上升。

此外，在选择空气净化装置时，一定要注意适用面积、能效比和安全性等三大问题，还应注意洁净空气输出比率和气态污染物净化能力等。用户在使用空气净化器时，一定要定期更换或清洁过滤器，并保持空气净化器内部进风风道部分的清洁，这样才能避免由于过滤器吸附饱和而造成的气态污染物释放给室内空气带来的污染，保证室内空气净化的效率，防止空气净化器成为室内PM2.5的新的污染源。

除此之外，室内熏香、空气清新剂等喷雾剂的使用都会造成空气中PM2.5浓度的增加；办公设备如打印机等的使用也会产生PM2.5；房间装饰如地毯等也是室内PM2.5浓度上升的重要原因。

6.如何从源头上控制室内PM2.5

针对室内PM2.5的主要来源的不同，我们可以选择有针对性的解决方案。

减少或禁止室内吸烟

对于餐厅、酒吧和网吧等公共场所，应颁布禁止吸烟的规定，如需吸烟请到指定地点，尽量减少公众聚集地的吸烟量，保证人们拥有良好的室内环境，最大可能地降低“二手烟”对人体的伤害；同时，全面无烟立法是保护不吸烟者免受二手烟威胁的最有效手段。

在私人住宅内吸烟者更应注意减少吸烟，以降低空气中的PM2.5浓度，尤其是在儿童及老人、病人长期居住的环境中，更应关注室内空气质量。

使用清洁的能源做生活燃料

烹饪活动是每个家庭必要的日常活动，为了有效地减少由于烹饪活动造成的室内PM2.5含量的上升，我们提倡在厨房中使用天然气、市电等清洁能源，建议尽量减少煤炭、秸秆、薪柴等燃料的使用；同时，有关人员的实验显示，在烧菜时抽油烟机的使用可以大幅降低室内PM2.5的污染水平。

一般来说，城市生活中清洁能源使用率较高，而在郊区以及农村地区，大部分居民依然采用煤炭或生物质燃料进行烹饪和取暖。

随着社会经济的不断发展，农民生活质量的不断提高，生活质量持续改善，液化气、天然气等燃料取代现有的煤炭、生物质等能源燃料已经是发展的必然趋势。

除此之外，为了有效地减少室内PM2.5的含量，在人口较为聚积的乡镇，我们提倡集中供暖的取暖方式。该方式不仅可以降低室内PM2.5的污染水平，还可以方便燃料燃烧过程中产生的废气的收集和处理，更高层面地减少煤炭等化石燃料对于大气的污染。

集中供暖

7.通风稀释对减少室内PM2.5有效吗

适当的通风措施也是减少室内PM2.5的重要途径之一。当室内的空气污染源较多，并造成了一定程度的室内空气污染时，采取适当的通风措施可以有效地降低室内颗粒物的浓度。如室内清扫活动、烹饪活动造成室内颗粒物含量明显上升，并显著高于室外，此时打开门窗等通风设施，有利于室内颗粒物扩散到室外，对室内空气质量的改善有很大的助益。

但是需要注意的是，如果室外颗粒物浓度同样很高，其污染水平相对于室内更严重时，如雾霾天气，则应尽量避免打开门窗或开启其他换气设备。这是由于雾霾天气大气中的PM2.5浓度要明显高于室内，通风换气不但不会降低室内颗粒物的浓度，反而会造成室内环境的急剧污染，对人体造成更大程度的损害。

8.空气净化器能有效清洁室内空气吗

源头控制是从根源上治理的方法，通风稀释是通过自然规律选择而得到的方法。如果条件所限，两种方法都难以选用时，此时空气净化就是最重要的一种补救方式。

机械净化装置的原理主要是采用过滤或静电除尘，使室内大气中的颗粒物沉降或从空气中去除，降低空气中颗粒物的浓度。使用高效空气过滤器可以高效滤除直径在0.3微米以上的细颗粒；而静电除尘装置的捕集效率更高，它对大于0.01微米的细颗粒均有很好的捕集效果。

空气净化器的作用主要有三个方面：过滤粉尘、消除有害气体、杀灭致病细菌。在选择空气净化器时，首先应考虑主要针对的空气问题，以及使用房间的体积、使用中是否会造成二次污染、产品的寿命、使用成本等多个方面的内容。针对室内PM2.5的污染问题，我们主要应该考虑的是过滤的效果，可以通过对比指标——洁净空气量来筛选出对颗粒物净化效率较高的空气净化器。

9.植物能净化室内空气吗

植物对净化空气、降低室内PM2.5有比较好的效果，其原理是绿色植物在光合作用时的主动吸附作用，下面我们就为大家简单介绍一些有助于净化室内空气的常见植物。

仙人球

仙人球是常见的植物盆栽之一，它的优点在于不需要太多的呵护、照料，其适应能力强，生命力旺盛，对水的需求量很小。由于其适宜的生长环境是日照比较强烈的地区，这就使得仙人球在一定程度上可以有效地吸收电脑辐射，并对大气中的有害物质有一定的净化效果。此外，仙人球夜间吸收二氧化碳，释放氧气，晚上居室内放有仙人球，就可以补充氧气，有助于睡眠。

吊兰

吊兰属百合科多年生常绿草本植物，根肉质，叶细长，似兰花，它被人们称为“空中花卉”。吊兰能在微弱的光线下进行光合作用，具有吸收有毒气体的能力。尤其是针对建材释放出的甲醛，正常情况下，吊兰能吸收空气中95%的一氧化碳和85%的甲醛，还能分解苯，吸收香烟烟雾中的尼古丁等比较稳定的有害物质。一盆壮年时期的吊兰在8～10平方米的房间就相当于一个绿色空气净化器。一般的房间内摆放1～2盆吊兰就足够了，它能24小时释放氧气，同时吸收空气中的甲醛、苯乙烯、一氧化碳、二氧化碳等，改善室内空气质量。

富贵竹

富贵竹属多年生常绿草本，茎秆挺拔，叶色浓绿，冬夏常青，外形高雅美丽，具有很强的观赏性。同时还可以净化空气，是一种适合在卧室摆放的健康植物。富贵竹不仅可以帮助改善室内的空气质量，同时还具有消毒功能；富贵竹可以有效地吸收废气，尤其是对于卧室而言，使卧室的环境得到很好的改善。

君子兰

君子兰别名剑叶石蒜、大叶石蒜，是石蒜科君子兰属的观赏花卉，属于多年生草本植物，花期长达30～50天，以冬春为主。一株成年的君子兰，一昼夜能净化1立方分米的空气，同时释放80%的氧气。在微弱的光线下，君子兰就可以进行光合作用，并且在夜里不会释放二氧化碳，两三盆君子

兰就可以将十几平方米的房间的烟雾吸收掉。特别是对于北方寒冷的冬天，由于门窗紧闭，室内空气流通性很差，君子兰可以起到很好地净化空气的作用，保持室内空气的清新度。

龟背竹

龟背竹是一种常绿藤本植物，茎粗壮，叶为心形，叶脉间有椭圆形的穿孔，叶具长柄，深绿色。在羽状的叶脉间呈龟甲形散布许多长圆形的孔洞和深裂，其形状似龟甲图案，茎有节，似竹干，故名“龟背竹”。龟背竹具有一定的净化空气的功效，可以在夜间吸收周围空气中的二氧化碳，改善空气质量，提高室内含氧量。龟背竹净化空气的功能略微弱一些，但龟背竹对空气中的甲醛的吸收效果比较明显；同时，由于龟背竹植株一般较大，造型优雅，叶片疏朗美观，所以是一种非常理想的室内植物。

芦荟

芦荟是一种独尾草科多年生草本植物，据考证的野生芦荟共有300多种。芦荟对空气中的有毒有害物质有着一定的吸收能力，如甲醛、二氧化碳、二氧化硫、一氧化碳等有害物质，尤其是对甲醛具有很强的吸收性，盆栽芦荟有空气净化专家的美誉。在有光照的条件下，一盆芦荟只需4个小时就可以消除一平方米空气中90%的甲醛，同时还可以部分消除空气中的有害细菌、病毒，吸附粉尘，很大程度上净化居室环境。当空气中有毒有害物质含量过高时，芦荟还会发出预警信号——芦荟的叶片会出现斑点，这时，我们需要在室内增加几盆芦荟，以保证正常的空气质量。

常春藤

五加科常春藤属多年生常绿攀援灌木，因其叶形美丽，四季常青，在南方各地常作垂直绿化使用，多栽植于假山旁、墙根，让其自然附着垂直或覆盖生长，同时也可做成中小型盆栽，作为室内陈设。常春藤是目前为止发现的对室内甲醛吸收效果最好的植物。有关人员研究发现，每平方米的常春藤的叶片可以吸收甲醛1.48毫克，一般来说，成年的常春藤的叶片总面积大约0.39平方米，因此，在普通房间只需要放上两到三盆常春藤就可以起到净化空气的作用。与此同时，常春藤对苯这种有毒有害物质有较强的吸收效果，研究结果显示，有光照的条件下，常春藤可吸收室内90%的苯。此外，常春藤还能吸附空气中的粉尘，降低室内PM2.5的浓度。

除上述几种植物以外，文竹、橡皮树、绿萝等均对净化室内空气、提高空气质量有着很好的效果，这些盆栽植物净化空气的方式简单易行，成本很低，同时不会造成二次污染。然而需要注意的是，虽然盆栽植物能够在一定程度上消除室内空气污染、改善室内空气质量，但是并非所有植物都有净化空气的作用，有些植物放在室内处置不当时，甚至会损害人体的健康，诸如此类的报道屡见不鲜。因此，在选择盆栽植物时一定要慎重，在弄清楚植物的功效和危害后再做选择。

第十章 雾霾的典型案例

在人类工业化的进程中，伴随着经济社会快速发展，带来的是环境的污染。在工业革命后的最初时期，由于人们对工业快速发展的负面影响预料不够，发展经济的方式往往是以牺牲环境为代价的。由于对环境保护力度不够，结果引发了一系列“环境公害”事件。直接破坏了环境质量，影响了经济的持续发展，更严重的是对人类自身的健康也造成了严重的危害，甚至威胁到了人类的生存。其中震惊世界的“十大环境公害”事件，更是发人深省，而在十大环境公害事件中，有五件起因是由于大气污染而造成的，下面我们具体关注下这几大污染事件。

1.比利时马斯河谷烟雾事件

比利时马斯河谷工业区处于列日镇和于伊镇之间24千米长的一段狭窄的河谷中，两侧山高约90米。许多重型工厂分布在河谷上，包括炼焦、炼钢、电力、玻璃、炼锌、硫酸、化肥等工厂，还有石灰窑炉。

1930年12月1～5日，时值隆冬，大雾笼罩了整个比利时大地。由于该工业区特殊的地理位置，马斯河谷上空出现了很强的逆温层，雾层尤其浓厚。逆温层如同厚厚的被子罩在整个城市上空，这种气候反常变化的第三天雾最大，加上工业区内人烟稠密，整个河谷地区的居民有几千人身体出现不

适症状。发病者包括不同年龄段的男女，病人的症状表现为流泪、喉痛、声嘶、咳嗽、呼吸短促、胸口窒闷、恶心、呕吐等。一星期内，有63人死亡，为同期正常死亡人数的10.5倍，其中以原先患有心脏病和肺病的人死亡率最高。与此同时，许多家畜也患了类似病症，同样引起了较高的死亡率。尸体解剖结果证实：致死原因是刺激性化学物质损害呼吸道内壁，其他组织、器官没有检测到毒物效应。

事件发生后，有关部门立即进行了事故原因调查，但短时间不能确证致害物质。有人认为是氟化物，有人认为是硫的氧化物，其说法不一。此后，通过对当地排入大气的各种气体和烟雾的研究分析，排除了氟化物致毒的可能性，认为硫氧化物——二氧化硫气体和三氧化硫烟雾的混合物是主要的致害物质。

据推测，事件发生期间，大气中的二氧化硫浓度高达25～100毫克/立方米。专家们在事后进行分析认为，此次污染事件，空气中存在的氧化氮和金属氧化物微粒等污染物会加速二氧化硫转化为三氧化硫，加剧对人体的刺激作用；而且具有生理惰性的烟雾，通过把刺激性气体带进肺部，也起了一定的致病作用。此次事件曾经轰动一时，虽然日后类似的烟雾污染事件在世界很多地方都曾经发生，但“马斯河谷烟雾事件”却是20世纪最早记录下的由于大气污染导致的惨案。

在马斯河谷烟雾事件中，地形与气候起到了重要的作用。从地形上来说，该地区是一条狭窄的盆地；加之气候反常出现的持续逆温与大雾，使得工业生产与生活所排放的污染物在河谷地区低层大气中持续积累，大量的有毒有害物质积聚。该地区过去曾经出现过类似的气候反常现象，但其持续时间较短，未造成严重后果。如1911年该地区曾经出现过类似情况，但没有造成人员死亡。

值得注意的是，马斯河谷烟雾事件发生后的第二年即有人指出："如果这一现象在伦敦发生，伦敦公务局可能要对3 200人的突然死亡负责。"这话不幸言中，22年后，伦敦果然发生了严重死亡烟雾事件。这也在一定程度上说明导致各次烟雾事件的某些因素是具有共性的。

2.美国多诺拉烟雾事件

多诺拉是美国宾夕法尼亚州某河谷中的小镇，位于匹兹堡市南30千米处，有居民1.4万多人。多诺拉镇坐落于一个马蹄形河湾的内侧，两侧是高约120米的小山丘，小镇被夹在山谷中间。该地有许多大型炼铁厂、炼锌厂和硫酸厂，每天有大量的二氧化硫等有毒有害物质及金属微粒排放，大量烟气的排放使得多诺拉镇常年弥漫着一股怪味。

1948年10月26日到31日期间，这里大部分地区受反气旋影响，空气潮湿寒冷，天空阴云密布，空气的上下垂直运动极弱。该地开始受逆温控制，且持续的雾天使得多诺拉的天空格外灰暗。在逆温条件下，工厂并没有停止有害气体的排放。这些不利的气象条件，致使大气污染物在近地层大气中集聚，大气中的烟雾越来越厚重，工厂排放的大量烟雾被封闭在山谷之中，有害物质无法扩散出去。空气中二氧化硫的浓度急剧上升，金属微粒含量增大，空气中的能见度极低，除烟囱外，工厂、居民楼等建筑都消失在浓雾之中。

随之而来的是全镇43%的人口相继发病，症状表现为喉痛、流鼻涕、干渴、四肢酸乏、咳痰、胸闷、呕吐、腹泻等，死亡17人，死者的年龄多在65岁以上，这些人大都原来就患有心脏病或呼吸系统疾病。

据估计，事件发生期间，二氧化硫浓度为正常值的数倍，并发现有大量的尘粒。有关研究人员经过调查分析认为，二氧化硫及其氧化作用的产物同大气中的尘粒结合是致害的主要因素，主要致害物是二氧化硫与金属元素，以及金属化合物相互作用的二次生成物。严重的大气污染使得人们在短时间内大量吸入有毒有害气体，引起各种症状，以致暴病成灾。

3.英国伦敦烟雾事件

素有世界“雾都”之称的英国伦敦，每逢春秋两季，经常被浓雾所笼罩，像是为这座城市披上了一层神秘的面纱。据统计，每年伦敦的雾天可高达70、80次，平均5天之中就有一天处在大雾之中。而1952年的伦敦工业发达，市区有燃煤发电厂，周边亦分布有许多工厂，绝大多数居民依靠燃煤来供暖，以煤为动力的蒸汽机车开进伦敦，小汽车和卡车产生的尾气任意排放，没有任何控制措施。综合以上因素，1952年12月4日，伦敦城难以避免的发生了一次世界上最为严重的“烟雾”事件。

12月4日，一股巨大的高气压气旋中心到达了伦敦以西几百千米处，沿着通常的路径向东南方向移动。上午风速变小，云层几乎遮蔽了整个天空。时至中午，乌云已经完全遮住太阳，伦敦上空阴霾弥漫，气象台温度表的读数为3.3℃，相对湿度上升为82%。

12月5日，异常情况开始出现了。伦敦气象台的风速表测出了一个非常奇怪的量度——风速读数完全是静止的，这在正常天气几乎是不可能出现的。伦敦处于死风状态，风力太弱，无法消散工厂烟囱与住户排出的烟尘，低空中积聚着大量的烟尘，经久不散。于是，大量的烟尘从大气中飘落，美丽的泰晤士河谷开始为浓雾所笼罩，陷入一片灰暗之中，持续的浓雾将近一周不散，伦敦空气中的污染物浓度持续上升，大量有毒有害气体飘散在空气中。许多居民开始出现胸闷、窒息等不适感，呼吸道疾病的发病率和死亡率急剧增加。

直到12月10日，强劲的西风才吹散了笼罩在伦敦上空的恐怖烟雾。据英国官方的统计，在伦敦烟雾事件中，有5 000多人因感染呼吸道疾病而死亡；雾散以后又有8 000多人相继死去。这就是震惊世界的“雾都劫难”。